工程师经验手记

深入剖析主板电源设计及环路稳定性能

老 童 编著

北京航空航天大学出版社

内 容 简 介

本书共8章,从主板架构到电源设计,从简单的Buck电路原理到多相电源设计,从电源电路的基本结构到微分结构,结合电路信号流程和波形以及动态阻抗的分析,由浅入深,一步一步将读者引向系统电源稳定性能设计中。最后重点描述了PCB布局设计,从理论到实践,通过理论指导实践,理论与实践相结合,是一本非常全面的教科书。

本书可作为高校或者职高教材以及刚毕业的大学生就业充电的范本,也可供有工作经验的电源设计工程师参考。

图书在版编目(CIP)数据

深入剖析主板电源设计及环路稳定性能 / 老童编著
. -- 北京：北京航空航天大学出版社,2016.9
ISBN 978-7-5124-1900-1

Ⅰ. ①深… Ⅱ. ①老… Ⅲ. ①计算机主板－电源－设计②计算机主板－电源－稳定性 Ⅳ. ①TP332

中国版本图书馆CIP数据核字(2015)第239137号

版权所有,侵权必究。

深入剖析主板电源设计及环路稳定性能

老 童 编著

责任编辑 张冀青

*

北京航空航天大学出版社出版发行

北京市海淀区学院路37号(邮编100191) http://www.buaapress.com.cn
发行部电话：(010)82317024 传真：(010)82328026
读者信箱：emsbook@buaacm.com.cn 邮购电话：(010)82316936
涿州市新华印刷有限公司印装 各地书店经销

*

开本：710×1 000 1/16 印张：14.5 字数：309千字
2016年10月第1版 2016年10月第1次印刷 印数：3 000册
ISBN 978-7-5124-1900-1 定价：49.00元

若本书有倒页、脱页、缺页等印装质量问题,请与本社发行部联系调换。联系电话：(010)82317024

前言

从电力电测产品的测试、研发到软件设计,以及后来的开门店做小饰品生意和电子产品销售,最后又回归到研发设计中来,终究没有跳出研发设计这个圈子。人到40,仍旧碌碌无为,总觉得欠家人和社会太多,实在愧疚。现在开始,亡羊补牢,用毕生所学,引导后续有志之士少走弯路,尽微薄之力佐之,以此感恩家人和社会以及关怀我的同事同仁。

本书内容简单介绍如下:

主板开关电源采用闭环负反馈回路来改善开环系统的响应能力,以达到所期望的电源调整率、负载调整率以及动态响应的设计要求。电路由误差放大、脉宽调制控制器(PWM控制器)、驱动、开关管以及输出滤波器五部分构成。

大多数主板厂商在设计主板电路时,都是根据电源方案供应商提供的参考线路来进行设计的,所有参数均是一种理论推算,主板的电源电路设计关键不在原理图,而是PCB布局和参数调试。参数设置好以后,PCB布局将会起决定性的作用,调试只是对PCB布局缺陷的弥补和改进。也许这个观点和许多参考资料中的理论相悖,但真正做过主板电源设计的工程师对这点应该是深有体会的。图1是电源反馈方框图,展示的是Buck电路反馈的基本原理,电源环路是否稳定和反馈网络F密切相关,这是本书的核心内容。

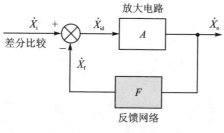

$$A_f = \frac{\dot{X}_o}{\dot{X}_i} = \frac{A\dot{X}_{id}}{(1+AF)\dot{X}_{id}} = \frac{A}{1+AF}$$

图1 电源反馈方框图

前 言

对于开关电源设计工程师来说,最担心的是在电路设计完成后,发现无论怎样调试反馈回路,电源电路都是不稳定的(PCB 布局设计不合理就会发生这种情况)。目前大多数主板设计厂家由于设备、人才和技术的限制,对环路稳定性能的设计认识不足,仅仅测试动态性能就止步了,对于电源的稳定性能无从得知,从而为主板的品质埋下了隐患。

环路稳定和动态到底有何关联?如何设计和调试产品才能避免电路不稳定这种风险?目前来说几乎没有权威书刊能够对这个问题进行一个全面的描述和讲解,大多是泛泛而谈,理论比较空洞,能和实践挂钩的寥寥无几。鉴于此,我希望将实际调试经验进行总结和传播,以便后续设计工程师有一个好的借鉴。

本书的第 1 章和第 2 章部分内容是从网站上下载,经过个人的理解整理出来的,因为联系不到原作者,无法对资料出处做进一步的说明,希望阅读到了此书的原作者和我们(921317112@qq.com)联系,在此表示真诚的感谢。

20 年的工作历程,工作过 4 家公司,在现在任职公司工作长达 9 年,让我从漫无目的的打工生涯中找回自信和成就感。写完此书,本人将转行做与主板设计无关的云服务行业。

本书可能有不足之处,修修改改必不可少,不管成功与否,欠家人和大家太多太多,感恩我的家人对我的大力支持以及我太太但华英女士对家庭无微不至的照顾,感恩所有关怀老童的人。

老　童

2016 年 9 月

目　　录

第 1 章　主板架构基本介绍 ……………………………………………………… 1
1.1　主板的发展历史 ……………………………………………………… 1
1.1.1　AT 主板 ………………………………………………………… 1
1.1.2　Baby AT 主板 …………………………………………………… 1
1.1.3　ATX 主板 ………………………………………………………… 2
1.2　主板架构 ……………………………………………………………… 2
1.2.1　北桥芯片 ………………………………………………………… 2
1.2.2　南桥芯片 ………………………………………………………… 2
1.2.3　内存插槽 ………………………………………………………… 2
1.2.4　PCIE 插槽 ……………………………………………………… 3
1.2.5　主板总线 ………………………………………………………… 3
1.2.6　CPU 介绍 ……………………………………………………… 4
1.3　Intel 平台主板架构说明 ……………………………………………… 5
1.3.1　Intel 440 主板架构 ……………………………………………… 5
1.3.2　VIA MVP4 主板架构 …………………………………………… 5
1.3.3　Intel 810/815 主板架构 ………………………………………… 5
1.3.4　Intel 865 主板架构 ……………………………………………… 6
1.3.5　Intel P4 主板架构 ……………………………………………… 6
1.3.6　VR12.0 单 CPU 主板架构 ……………………………………… 7
1.3.7　VR12.0 双 CPU 主板架构 ……………………………………… 7
1.3.8　Intel VR12.5 Denlow 平台介绍 ………………………………… 8
1.4　AMD 平台主板架构说明 …………………………………………… 9
1.4.1　C32 CPU 架构 ………………………………………………… 9
1.4.2　G34 双 CPU 架构 ……………………………………………… 11

目 录

- 1.5 主板电源接口 11
  - 1.5.1 AT 电源 12
  - 1.5.2 ATX 电源：输出为 20Pin 12
  - 1.5.3 ATX12 电源：输出为 20Pin＋4Pin 13
  - 1.5.4 ATX12 LN 电源：输出为 24Pin＋4Pin 13
- 第 2 章 主板电源设计流程规范及功率预算 15
  - 2.1 VR12.0 电气特性 17
  - 2.2 VR12.5 电气特性 22
    - 2.2.1 CPU 供电 22
    - 2.2.2 RAM 供电 23
    - 2.2.3 PCH 供电 24
    - 2.2.4 1 GB 网口供电 24
    - 2.2.5 Dual 10GbE Controller Lan 25
    - 2.2.6 BMC 供电 25
    - 2.2.7 时钟芯片供电 26
    - 2.2.8 PCIE 插槽供电 26
    - 2.2.9 系统散热风扇供电 27
    - 2.2.10 SAS 硬盘供电 27
    - 2.2.11 SATA 硬盘供电 27
    - 2.2.12 SSD 硬盘供电 27
    - 2.2.13 CPLD 供电 27
    - 2.2.14 SAS Controller 供电 28
    - 2.2.15 PHY 为 BMC 供电 28
    - 2.2.16 TPM Module 供电 28
  - 2.3 VR13 电气特性 29
    - 2.3.1 CPU 供电 29
    - 2.3.2 记忆体 RAM 供电 30
    - 2.3.3 PCH 供电 31
    - 2.3.4 BMC 供电 32
  - 2.4 主板电源设计流程 33
  - 2.5 主板硬件器件功率预算 35
    - 2.5.1 CPU 供电电气规格及功率预算 35
    - 2.5.2 Memory RAM 功率预算 36
    - 2.5.3 硬盘功率预算 36
    - 2.5.4 PCH 功耗预算 39

2.5.5　BMC 功耗预算 ………………………………………… 39
2.5.6　硬盘扩展器/控制器功率预算 ………………………… 39
2.5.7　10G 以太网控制器功率预算 …………………………… 39
2.5.8　GBE 控制器功率预算 …………………………………… 40
2.6　主板电源启动时序 ……………………………………………… 40
2.7　主板电源性价比介绍 …………………………………………… 41

第 3 章　Buck 电路基本理论 ………………………………………… 43

3.1　基本原理 ………………………………………………………… 43
3.2　输入电感的选择 ………………………………………………… 46
3.3　输入电容的选择 ………………………………………………… 48
　　3.3.1　主板电源设计使用的电容 ……………………………… 48
　　3.3.2　电容等效电路的微分结构 ……………………………… 51
3.4　开关场效应管的选择 …………………………………………… 55
3.5　输出电感的选择 ………………………………………………… 62
　　3.5.1　电感的计算 ……………………………………………… 62
　　3.5.2　选择评估 ………………………………………………… 63
　　3.5.3　输出电感的材料 ………………………………………… 63
　　3.5.4　名词术语 ………………………………………………… 64
3.6　输出电容的选择 ………………………………………………… 64
3.7　RC 缓冲网络参数的选择 ……………………………………… 66
3.8　RC V_{boot} 的选择 ……………………………………………… 70
3.9　多相大功率 Buck 电路 ………………………………………… 72

第 4 章　主板 CPU 负载特性 ………………………………………… 74

4.1　主板 CPU 负载特性及阻抗要求 ……………………………… 75
4.2　主板 CPU 线性负载特性 ……………………………………… 78
4.3　主板 CPU 动态 VID 特性 ……………………………………… 81
4.4　主板 CPU 测试工具简介 ……………………………………… 82
　　4.4.1　VR12 CPU 测试工具 …………………………………… 83
　　4.4.2　VR12.5 CPU 测试工具 ………………………………… 84
　　4.4.3　第四代 Intel CPU 测试工具 …………………………… 86
4.5　主板 CPU 测试要求 …………………………………………… 87
4.6　主板 CPU Memory 测试要求 ………………………………… 87
4.7　主板 Buck 电路其他测试要求 ………………………………… 88

目 录

第 5 章 主板 Buck 电路环路稳定性能分析 … 89

- 5.1 环路稳定性能的规格要求 … 89
- 5.2 RC 补偿参数设计分析 … 90
  - 5.2.1 RC 积分电路 … 90
  - 5.2.2 RC 微分电路 … 91
- 5.3 输入电感、电容对环路的影响 … 100
- 5.4 输出电感、电容对环路的影响 … 103
  - 5.4.1 输出电感对环路稳定性能的影响 … 103
  - 5.4.2 输出电容对环路稳定性能的影响 … 105
  - 5.4.3 CPU Loadline 与 DIMM Loadline 对环路稳定性能的影响 … 105
- 5.5 补偿回路相位计算 … 108
- 5.6 Buck 电路环路稳定性能特征 … 111
- 5.7 LDO 电路环路稳定性能特征 … 115
  - 5.7.1 LDO 零极点的分布 … 115
  - 5.7.2 影响 LDO 环路不稳定的根本原因 … 117
- 5.8 环路测试原理 … 118
  - 5.8.1 环路测试仪器 Agilent 4395A … 118
  - 5.8.2 测试原理 … 118
  - 5.8.3 测试方法 … 120
  - 5.8.4 测试任务 … 121
- 5.9 环路调试 … 122
- 5.10 数字 PID 的调试说明 … 124
  - 5.10.1 PID 介绍 … 125
  - 5.10.2 PID 控制器的调试方法 … 126
  - 5.10.3 PID 实际应用 … 126
  - 5.10.4 PID 控制幅频特性图 … 127

第 6 章 Buck 电路反馈回路调节原理及动态分析 … 131

- 6.1 反馈回路的种类 … 132
- 6.2 反馈回路的调节特性与本质 … 133
  - 6.2.1 电压反馈回路 … 133
  - 6.2.2 电流反馈回路 … 135
- 6.3 电压、电流反馈的测试原理 … 140
- 6.4 反馈回路对动态响应的影响 … 141
- 6.5 TI D-Cap2 模式环路稳定性能分析 … 147

6.5.1　控制方式简介 ·················· 147
　　6.5.2　参数设定 ····················· 148
　　6.5.3　R_r、C_r、C_c 的计算 ············ 151

第 7 章　主板电源 PCB 布局的设计要求 ········ 155

7.1　主板 PCB 布局工具简介 ················ 155
7.2　LDO 电路组件 PCB 布局要求 ············· 157
　　7.2.1　输入电容的 PCB 布局要求 ··········· 158
　　7.2.2　输出电容的 PCB 布局要求 ··········· 160
　　7.2.3　反馈信号走线的 PCB 布局要求 ········· 161
7.3　Buck 电路组件 PCB 布局要求 ············· 162
　　7.3.1　输入电感的 PCB 布局要求 ··········· 162
　　7.3.2　输入电容的 PCB 布局要求 ··········· 165
　　7.3.3　场效应管的 PCB 布局要求 ··········· 170
　　7.3.4　输出电感的 PCB 布局要求 ··········· 174
　　7.3.5　输出电容的 PCB 布局要求 ··········· 176
7.4　信号检测以及 SVID 与 PMBUS 的走线要求 ······· 181
7.5　PCB 电源层设计及切割要求 ·············· 184

第 8 章　主板电源仿真 ················· 185

8.1　SIMPLIS 软件的应用 ················· 186
8.2　元器件调用及设定 ·················· 187
8.3　原理图设计说明 ··················· 191
8.4　子电路的定义 ···················· 205
8.5　主板 Buck 电源仿真说明 ··············· 211
8.6　主板电源模型的建立及仿真 ·············· 212

附录 A　名词术语解释 ·················· 218

附录 B　版权声明 ···················· 221

第 1 章

主板架构基本介绍

主板的发展与科技进步密切相连,是电子技术发展进程的一个缩影,从 20 世纪 80 年代至今,从未间断过。随着电子技术工艺的发展以及电子技术应用范围的扩展,主板的尺寸有较大差异。导致主板差异的原因有下面三个:

① 应用面;

② CPU 的工艺发展;

③ 主板 Chipset 工艺发展以及功能技术升级,包括南北桥、Super I/O、BMC 和 CPLD 等。

根据主板尺寸大小以及发展时期,主要分为 AT、Baby AT、ATX、Micro ATX、Flex ATX 以及 BTX 等结构。Micro ATX 是 ATX 结构的简化版,扩展插槽较少,PCI 插槽数量在 3 个以下;BTX 则是 Intel 公司制定的最新一代主板结构。

嵌入式计算机系统的出现,是现代计算机发展史上的里程碑事件。嵌入式系统诞生于微技术的发展;嵌入式计算机系统则为满足对象系统嵌入式智能化控制要求的发展。由于独立的分工发展,20 世纪末,现代计算机的两大分支都得到了迅猛的发展。

1.1 主板的发展历史

1.1.1 AT 主板

1984 年,IBM 公司公布了 AT,其主板的尺寸大小为 13 in×12 in,扩展总线以微处理器相同的时钟频率 6 MHz 来运行,部分计算机 AT 系统的扩展总线时钟频率达到了 10 MHz 和 12 MHz。

AT 主板尺寸较大,板上能放置较多的组件和扩充插槽,在 1990 年推出了 Baby/Mini AT 主板规范,简称 Baby AT 主板,尺寸面积大幅减小。

1.1.2 Baby AT 主板

早期 Baby AT 主板的尺寸大小为 15 in×8.5 in,比 AT 主板略长,但宽度较窄,后来将 Baby AT 主板进行了适当改型,形成了许多规格不一的 Baby AT 主板,最常见的 Baby AT 主板尺寸是 3/4 Baby AT 主板，尺寸为 10.7 in×8.7 in，标准的 Baby AT 主板尺寸为 8.5 in×13 in。

Intel 公司在 1995 年 1 月公布了扩展 AT 主板结构，即 ATX(AT extended)主板标准。这一标准得到世界主要主板厂商的支持，目前已经成为最广泛的工业标准，1997 年 2 月推出了 ATX2.01 版。

1.1.3 ATX 主板

ATX 主板针对 AT 和 Baby AT 主板的缺点作了改进：主板外形在 Baby AT 的基础上旋转了 90°，ATX 主板尺寸为 12 in×9.6 in；后来发展的微型主板 uATX 尺寸为 9.6 in×9.6 in。ATX 主板采用了增强型的电源管理，实现了电脑软件开/关机、绿色节能功能，以及远程诊断控制功能。

1.2 主板架构

1.2.1 北桥芯片

北桥芯片(North Bridge，简称 NB)是主板芯片组中起主导作用的最重要的组成部分，由于其跨接在 CPU 和其他设备之间，并且离 CPU 比较近，所以称北桥。北桥芯片负责与 CPU 的联系并控制内存数据、AGP 显示数据和 PCI-E 数据的传输，数据处理量非常大，发热量也越来越大（通常有 4~10 W 的功耗），因此北桥芯片需要安装散热片，加强其散热。

北桥 100 MHz 的时钟频率主要用于和内存进行数据通信，133 MHz 的时钟频率主要用于同 CPU 进行同步通信，66 MHz 的时钟频率用于和 AGP 芯片的通信。

1.2.2 南桥芯片

南桥芯片(South Bridge，简称 SB)是大部分 I/O 接口和 CPU 的桥梁，主要处理低速设备的信号，比如鼠标、键盘等。

随着工艺和技术的改良以及发展，出现了新的 Chipset——ICH (Interface Control Hub，接口控制中心)，主要控制外围的基本输入/输出设备。南桥的时钟频率为 66 MHz，USB 的时钟频率为 48 MHz，BIOS 的时钟频率为 33 MHz，LPC 的时钟频率为 14 MHz/33 MHz，RTC 的时钟频率为 32 kHz。

1.2.3 内存插槽

内存插槽是主板用来安装内存的地方，不同类型的内存插槽的引脚不同，其工作电压也都不完全相同，且不能互相兼容。硬件设计工程师称内存插槽为 DIMM 槽，其供电系统称为 DIMM VRM。

SDRAM 是 Synchronous Dynamic Random Access Memory(同步动态随机存储器)的缩写，采用 3.3 V 工作电压、168Pin 的 RAM 接口，带宽为 64 位，有 PC66、PC100、PC133 等不同规格。SDRAM 内存金手指上有两个缺口。

DDR SDRAM 是 Double Data Rate SDRAM 的缩写，是双数据通道的存储器，采用的是 2.5 V 电压、184Pin，内存金手指只有一个缺口。

DDR2(Double Data Rate 2)是由 JEDEC(电子设备工程联合委员会)开发的新生代内存技术标准，是目前主流内存类型，电压为 1.8 V，引脚数为 240Pin，金手指只有一个缺口，和 DDR 的缺口的位置略有不同，不能兼容。

DDR3(Double Data Rate 3)电压为 1.5 V，240Pin。

DDR4(Double Data Rate 4)电压为 1.2 V，284Pin。

1.2.4 PCIE 插槽

PCIE 插槽是基于 PCIE 局部总线(Pedpherd Component Interconnect，周边组件扩展接口)的扩展插槽。其位宽为 32 位或 64 位，工作频率为 33 MHz，最大数据传输率为 133 MB/s(32 位)和 266 MB/s(64 位)。可插接显卡、声卡、网卡、内置 Modem、内置 ADSL Modem、USB 2.0 卡、IEEE 1394 卡、IDE 接口卡、RAID 卡、视频采集卡以及其他的扩展卡。

1.2.5 主板总线

FSB 总线：Front Side Bus 的英文缩写，译为前端总线。早期的 CPU 总线称为前端总线 FSB，前端总线速率影响计算机运行时 CPU 与内存、二级缓存之间的数据交换速度，也就影响了计算机的整体运行速度。

ISA 总线：Industrial Standard Architecture Bus 的英文缩写，是一种工业标准体系结构总线，目前部分工业主板还有使用，服务器主板使用更加高速的 QPI、DMI2 或者 Hyper transport 总线进行替换。

PCI 总线：Peripheral Component Interconnection 的英文缩写，译为外设部件互连总线，由 Intel、IBM、DEC 公司联合发布，是目前主板及外围设备使用的的标准接口。

LPC 总线：Low Pin Count Interface 的英文缩写，翻译为少 I/O 口的预编程界面接口。

SMBUS：System Management Bus 的英文缩写，译为系统管理总线。信号线为数据线 Data 和时钟 Clock。

AGP 信号：Accelerated Graphics Port 的英文缩写，译为加速图形控制端口。其主要结构是在使用 AGP 芯片的显示适配器与主存之间建立专用通道，AGP 总线为 32 bit 数据宽度、66 MHz 时钟频率的总线。

USB 总线：通用串行总线。USB 总线是由 Intel 公司和微软公司定义的，目的是为了解决各种外围设备接头不统一的问题,最多可接 127 个外围设备。

1.2.6 CPU 介绍

CPU 是 Central Processing Unit 的英文缩写,译为中央处理器。世界上第一台 PC 机是美国 IBM 公司 1981 年推出的,CPU 是 i8086,其执行指令为 X86 指令集,该指令集一直沿用到后来的 P3 CPU。P3 CPU 以后,Intel 公司推出了 SSE 指令集(包括 SS1、SS2、SS3、SS4),所有的改进都是针对浮点运算以及视频技术的升级。AMD 的 CPU 采用的是"3D Now!"扩展指令集和"3D Now!+"指令集。

CPU 主要包含运算器和控制器。其内部结构可分为控制单元、逻辑单元和存储单元,运算器主要完成各种算术运算(加、减、乘、除)和逻辑运算(逻辑加、逻辑减和非运算算术)。

Intel CPU 的发展有比较明确的规划,CPU 的升级换代比较快,根据工艺的改进和 CPU 技术更新,称为 Tock 和 Tick。这两种发展交替进行,每年只执行一种。比如,第一年改进 CPU 工艺,称为 Tock,CPU 技术更新将会暂停一年;第二年开始升级 CPU 技术,称为 Tick,则工艺改良将会暂停一年。

Intel CPU 型号的定义是根据平台来划分的,比如 Bromolow 平台、Romley 平台等。CPU 插座分为 Socket R、Socket B2、Socket H、Socket R3 等,命名规则如图 1.1 所示。

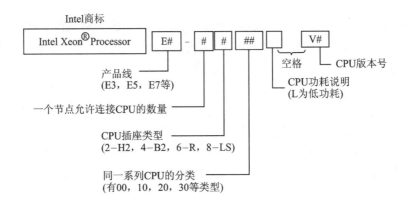

图 1.1 Intel CPU 命名规则

比如,Intel Xeon Processor E5-4600 系列 CPU,表示 Intel Xeon CPU,E5 产品线生产;4 表示一块主板设计中,一个节点最多可以用 4 颗 CPU 并联;6 表示 CPU Socket 为 R 型插座;00 是这个系列 CPU 的 00 类 CPU。

上面讲的是最新平台 CPU 型号的定义,对于 2012 年以前的 CPU 型号,在此不再赘述。

1.3 Intel 平台主板架构说明

本节分为 VR11、VR12.0 和 VR12.5,下面分别说明。1.3.1~1.3.5 小节为 VR11 Intel 平台主板架构,其他为 VR12.0 与 VR12.5 的说明。

1.3.1 Intel 440 主板架构

图 1.2 Intel 440 主板架构中,CPU 供电电压偏高,有 2.5 V、1.8 V 和 2.0 V 供电方式,内层记忆体供电为 3.3 V。

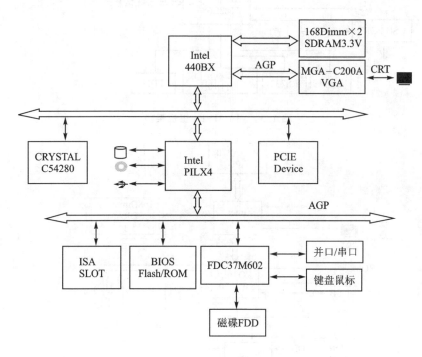

图 1.2　Intel 440 主板架构

1.3.2 VIA MVP4 主板架构

图 1.3 VIA MVP4 主板架构中,CPU 供电电压偏高,有 2.5 V、1.8 V 和 2.0 V 供电方式,内层记忆体供电为 2.5 V。

1.3.3 Intel 810/815 主板架构

图 1.4 Intel 810/815 主板架构中,Intel 810 CPU 供电为 2.5 V 和 1.8 V,Intel 815 CPU 供电为 2.5 V 和 1.5 V。

第 1 章 主板架构基本介绍

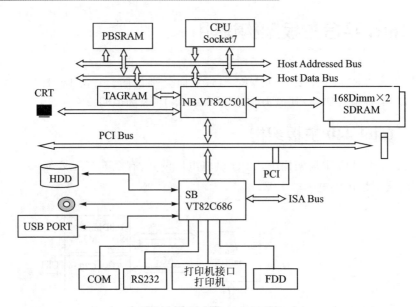

图 1.3 VIA MVP4 主板架构

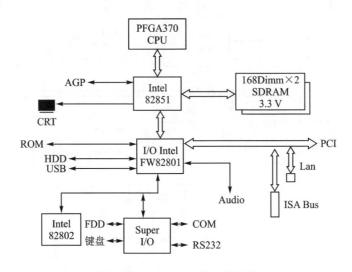

图 1.4 Intel 810/815 主板架构

1.3.4 Intel 865 主板架构

图 1.5 中，CPU 供电为 2.5 V 和 1.5 V。

1.3.5 Intel P4 主板架构

图 1.6 中，从 P4 以后内层记忆体供电逐步降到 1.5 V 以下。

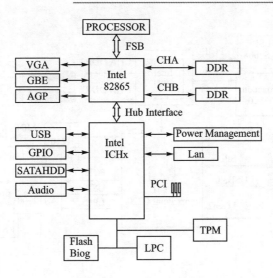

图 1.5　Intel 865 主板架构

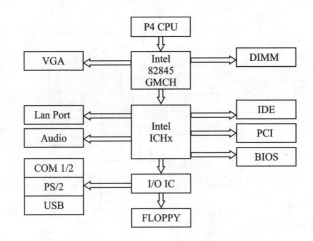

图 1.6　Intel P4 主板架构

1.3.6　VR12.0 单 CPU 主板架构

图 1.7 为 VR12.0 单 CPU 主板架构框图。

1.3.7　VR12.0 双 CPU 主板架构

随着 CPU 的工艺以及技术的发展,传统南北桥的功能有了分化,北桥的部分功能集成到 CPU 里面,南桥的功能也进行了提升。从实际应用面来看,Intel 的构架变得越来越简单,而 AMD 的南北桥依然存在。CPU 供电已经降到了 0.8～1.5 V(VR12.5 为 1.8 V),内层记忆体供电有 1.35 V 和 1.5 V 两种。CPU 和 VRM 的通信方式从并行通信 PVID 转变成串行通信方式 SVID,I/O 接口更加简洁。参考图 1.8。

第1章 主板架构基本介绍

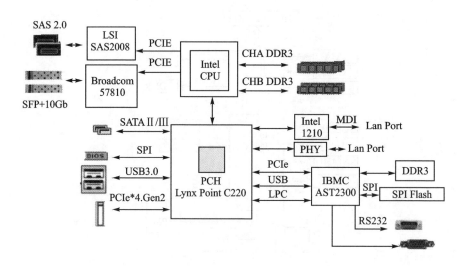

图 1.7　VR12.0 单 CPU 主板架构

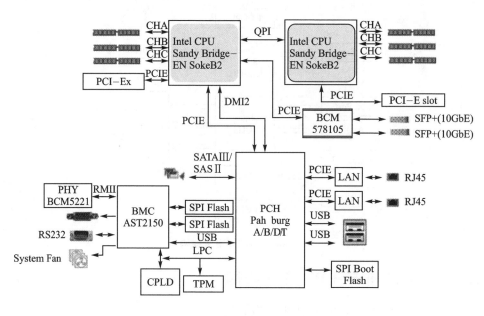

图 1.8　VR12.0 双 CPU 主板架构

1.3.8　Intel VR12.5 Denlow 平台介绍

图 1.9 为 Intel VR12.5 Denlow 平台架构框图,CPU 供电为 1.8 V,将 VSA 和 VTT 供电集成在 CPU 内部,内层记忆体供电为 1.2 V。

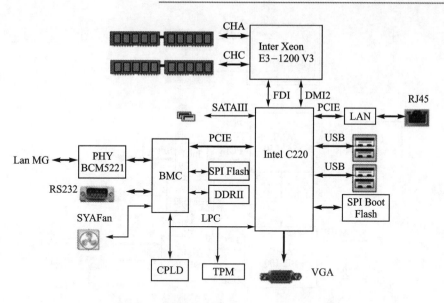

图 1.9　Intel VR12.5 Denlow 平台架构框图

1.4　AMD 平台主板架构说明

　　AMD CPU 发展非常迅猛,技术也比较成熟,特别是串行通信 SVID 的发展在早期的 CPU 中就得到应用。AMD CPU 的型号发展以 CPU 插座的排列方式命名,如 Socket S1、AM2、AM3、Socket F、G34、FS1、ASB1、C32 和 ASB2。其中,G34 和 C32 是 2010 年的产品,主要是针对高端服务器设计的 CPU。和 Intel CPU 比较,AMD CPU 在功耗方面要比 Intel 的大一些,比如:同一个级别 95 W 的 CPU,在运行相同的测试软件时,Intel CPU 只能达到 85 W 左右,而 AMD CPU 可以达到 90 W 左右,但是二者在速度方面没有太大的差异。

　　AMD 早期 S1 系列 CPU,在 VRM 通信上就已经使用了 SVI 的通信方式,信号仅仅为时钟 clock 和数据 data,时钟 clock 的频率为 400 kHz,后来升级通信方式的 SVI1 和 SVI2,通信频率为 3.4 MHz。从实际应用来分析,目前通信速度最快的还是 Intel 的 SVID,通信频率为 25 MHz,通信信号增加了一个报警/复位 Alert 信号。AMD 的 AM3、Fr2、Fr5、Fr6、FS1 和 ASB2 都使用了 SVI 通信技术,有部分 CPU 可以在 PVI 和 SVI 之间选用,少部分 CPU 只使用了 PVI 技术。

1.4.1　C32 CPU 架构

1. C32 单 CPU 架构

　　图 1.10 为 AMD C32 单 CPU 平台架构框图,CPU 供电为 0.6~1.2 V,内层记忆体供电为 1.35 V 和 1.5 V 两种。

第 1 章 主板架构基本介绍

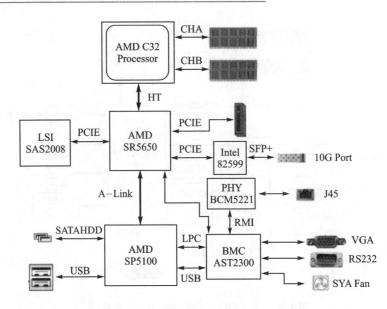

图 1.10 AMD C32 单 CPU 平台架构框图

2. C32 双 CPU 架构

图 1.11 是 AMD C32 双 CPU 平台架构框图,仍旧使用南北桥架构。

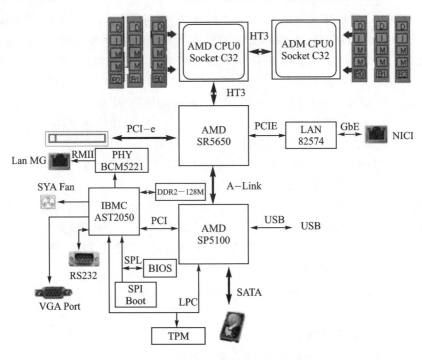

图 1.11 AMD C32 双 CPU 平台架构框图

1.4.2 G34 双 CPU 架构

图 1.12 中,AMD 北桥芯片为 SR56xx(xx=50、70、90 等),南桥芯片为 SP5100 芯片。无论是 Intel 还是 AMD 的平台,对于电源设计来说都是一样,区别在于测试的内容以及表格形式不一样。早期的 AMD 测试非常简单,从 C32 和 G34 以后,测试变得比较复杂,但是相对 Intel 来讲,还是很简单的。Intel 的测试项目比较多且比较细,要求比较严格。在主板 VRM 的设计中,验证至少占用了一半以上的时间。

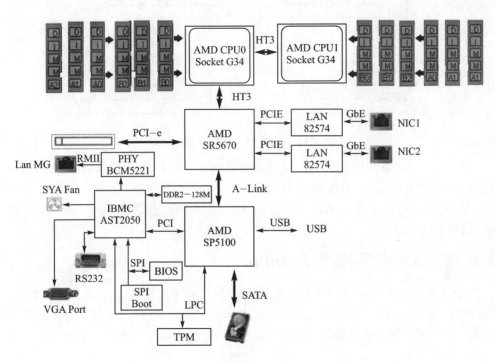

图 1.12 AMD G34 双 CPU 平台架构框图

1.5 主板电源接口

任何一个主板都必须使用 PSU(Power Supply Unit,电源供电单元,简称电源)供电才能工作,无论应用 Intel CPU 还是 AMD CPU 设计主板,其主板的形态样式没有太大差异,电源接口形式都一样,下面讲述主板电源接口规范发展的历史。

主板 PSU 电源发展和 PC 主板发展是紧密相连的,早期称为 AT 电源,随后发展成为 ATX 电源,以及 ATX 12V、ATX 12V LN1.3、SFX12V 2.3、TFX 12V 1.2 等,下面根据各种电源的特点进行详细的讲解。

1.5.1 AT 电源

早期的 AT 电源输出连接器是一个非标准的 6Pin+6Pin 结构,早期的 PC 主板 286 到 586 使用的是 AT 电源。AT 电源共有四路输出(+5 V、-5 V、+12 V、-12 V),还提供一个 PWR Good(简称 PG)信号和一个 Key 信号。6Pin+6Pin 的电气结构如图 1.13 所示。

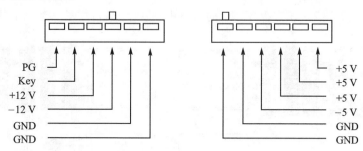

图 1.13 早期 AT 电源 6Pin 接口

图 1.13 为早期 AT 电源 6Pin 接口。左图 6Pin 接口是±12 V 的供电连接器,包含 PG 信号和 Key 信号;右图 6Pin 接口为±5 V 的供电连接器。+5 V 引线为红色,-5 V 引线为白色,+12 V 引线为黄色,-12 V 引线为蓝色,接地引线为黑色,电源 PG 信号引线为橙色。

1.5.2 ATX 电源:输出为 20Pin

Intel 公司 1997 年推出 ATX 电源国际标准,增加了 5 V SB 和 3.3 V 输出,需要有开机信号 PS-ON 才能启动电源以及系统开机。5 V SB 待机电源实现了软件开关机以及远程控制开机等功能。通过电源接口 20Pin 的连接器可以与主板连接。接口描述如图 1.14 所示。

3.3 V	11	1	3.3 V
-12 V	12	2	3.3 V
GND	13	3	GND
PS-ON	14	4	5 V
GND	15	5	GND
GND	16	6	5 V
GND	17	7	GND
-5 V	18	8	PW-OK
5 V	19	9	5 V SB
5 V	20	10	12 V

图 1.14 ATX 电源 20Pin 插头接口

图 1.14 中,左图为信号定义,右图为实物图。信号定义中,有些资料将 GND 定义为 COM。输出各组电源线材颜色规定为:+5 V 引线为红色,-5 V 引线为白色,+12 V 引线为黄色,-12 V 引线为蓝色,5 V SB 引线为紫色,开机信号 PS-ON 引线为绿色,电源 PG 引线为灰色,接地引线为黑色。

1.5.3　ATX12 电源:输出为 20Pin+4Pin

在 ATX 电源的基础上,ATX12 增加了一个 4Pin 的连接器,能够满足大功率 CPU 或者内层记忆体的供电要求。

1.5.4　ATX12 LN 电源:输出为 24Pin+4Pin

图 1.15 为 ATX12 LN 电源 24Pin 插头接口,ATX12 LN 是低噪声电源,在 ATX/ATX12V 的基础上将 20Pin 升级为 24Pin。

3.3 V	13	1	3.3 V
-12 V	14	2	3.3 V
GND	15	3	GND
PS-ON	16	4	5 V
GND	17	5	GND
GND	18	6	5 V
GND	19	7	GND
NC	20	8	PW-OK
5 V	21	9	5 V SB
5 V	22	10	12 V
NC	23	11	12 V
GND	24	12	NC

引脚	信号	颜色	引脚	信号	颜色
1	3.3 V	Orange	13	3.3 V	Orange
2	3.3 V	Orange	14	-12 V	Blue
3	GND	Black	15	GND	Black
4	5 V	Red	16	PS-ON	Green
5	GND	Black	17	GND	Black
6	5 V	Red	18	GND	Black
7	GND	Black	19	GND	Black
8	PW-OK	Gray	20	NC	
9	5 V SB	Purple	21	5 V	Red
10	12 V	Yellow	22	5 V	Red
11	12 V	Yellow	23	NC	
12	NC		24	GND	Black

图 1.15　ATX12 LN 电源 24Pin 插头接口

随着服务器的升级换代,ATX 电源由传统的方正形状发展为扁平形状,功率密度不断增大,出现了接口和 ATX 电源不同的服务器电源,部分大功率电源只提供 P12V 和 P12VSB 两组电源,需要电源分配板(PDB)进行重新分配转换,才能满足主板电源接口的要求。

传统的 ATX PSU 的输出功率有一个限定要求,P5V 和 P3.3V 有一个合并功率的限定,要求 P5V 和 P3.3V 的输出功率总额一定,至于电源使用多少功率,可以自动调整,只要不超出合并功率总额即可。原因是:在设计 PSU 时,这两组电源输出使用同一个变压器绕组,输出功率也就被限定了。另外,部分 PSU 的各组输出电源有最小负载要求,当某些电源输出的负载加重时,将会导致负载较轻的其他电源输出出现不平衡现象,从而产生 OVP 保护,其原因也和上面一样,在做系统功率分析时敬请读者注意这种现象。

　　本书的重点是写主板电源的设计以及环路稳定性能分析，下面对 Buck 电路的原理以及环路稳定性能分析进行详细介绍。

　　PC 电源规范可参考 Power_Supply_Design_Guide_Desktop_Platform_Rev_1_2。

　　服务器电源规范可参考以下文献：

① EPS12V Spec 2.92；

② ERP2U Spec 2.31；

③ SSI PSDG 2008 1.1。

第2章

主板电源设计流程规范及功率预算

Intel CPU 对板间供电电源有严格的要求,测试内容和项目比较复杂,随着 CPU 的工艺和技术的改进,对 VRM 的要求也越来越高,要求 VRM 给 CPU 提供较宽的电压范围和较小的负载调整率;同时通过并行或者串行的 VID 与 VRM 控制器进行通信,从而实现快速电压和电流切换,并实时监控 VRM 的工作状态。

Intel CPU 发展的两个核心是 Prescott 与 Northwood。两者之间的差别:前者采用了 90 nm 制造工艺,L1 数据缓存从 8 KB 增加到 16 KB,后来发展到 256 KB 和 512 KB,Prescott 支持 SSE3 指令集。Prescott 核心最初采用 Socket 478 接口,后来全部使用 Socket 775 接口,CPU VCCIN 电压为 1.20~1.525 V。根据 Intel 的规划,Prescott 核心会被更加高阶的 Cedar Mill 核心取代。

从 Prescott 核心微处理器开始,电压调节规范改用 VRM 来命名,版本有 VR11、VR11.1、VR12、VR12.5 和 VR13。VR13 是 2014—2015 年最新平台的 CPU 电压管理规范。

1. VR11

VR11 是 Intel X58 平台的电压规范,VR11.1 适合新的 X58 以及后来的 45 nm 的 CPU。CPU 主工作电压为 VCC(又称为 VCCIN、VCCP、Vcore)、VSA(Service Agent Rail,服务器电源设计中称为 VSA,PC 称为 Vgfx)和 VTT。PSI 模式下最低可以控制 VR 的输出电流为 25 A,DVID 的电压斜率为 10 mV/μs。CPU 初始启动时 VRM 必须提供 1.1 V 的 V_{boot} 电压,这是 CPU 启动需要的初始工作电压,因此需要将 VRM 控制器并行数据位 VID 引脚的数据位 VID0~VID7 接硬件上拉和下拉电阻,以便 VRM 在初始化时,立即送出 1.1 V 的电压给 CPU 供电。CPU 启动以后开始通过 PVID 控制 VRM 的输出电压,以便及时调整负载电压和电流大小,同时监控 VRM 的工作状态。并行 VID 调节的分辨率为 6.25 mV,最高可以调整 CPU 供电电压到 1.6 V。当 VRM 的功率器件温度超过 110 ℃ 时,VRM 控制器的 VR_HOT#引脚可以向 CPU 发出警告,同时关闭 VR 的输出控制。CPU 通过 VR 控制器的 IMON 模拟信号来进行自身负载电流检测。

2. VR11.1

VR11.1 是 VR11 的升级版,CPU 的通信方式为并行方式,数据位最大为 8 位,使用的位数和 CPU 电压的要求有关联,位数越小,电压调整的分辨率就越低。VR11.1 和 VR11 的区别:VR11.1 增加了轻载和重载电压相数的控制,控制信号为 PSI,CPU 发送 PSI 信号来控制 VR 的供电相数,做到节能环保,提高了轻载 VR 的工作效率。

3. VR12

VR12 是 Intel Romley/ Brickland 平台的电压规范,CPU 的主工作电压为 VCC、VSA、PVPLL 和 VTT。VR12 采用串行通信方式,通信信号为 Data、Clock 和 Alert,专业术语称为 SVID 通信信号,通信频率为 25 MHz。Alert 为中断信号或者复位应答信号。VRM 控制器完成 CPU 发送的指令并执行完指令以后,将会先拉低 Alert 信号,随后拉高 Alert 信号作为 CPU 的应答信号。

AMD 的通信频率和 Intel 不同。AMD 将 SVID 信号称为 SVI,SVI 的通信信号频率有 400 kHz 和 3.4 MHz 两种。

Intel VR12 电压分辨率为 5 mV,拉载斜率分为两种:

① Fast:拉载斜率大于 10,20 mV/μs;

② Slow:拉载斜率为 1/4 Fast 或者 2.5,5 mV/μs。

VR12 的节能模式,专业术语称为 PSI 模式,VR12 分为 PS0、PS1 和 PS2 三种:

① PS0 为 CPU 正常运行模式;

② PS1 为 CPU 工作电流在 5~20 A 状态下的运行模式;

③ PS2 为低电压低电流的工作模式,工作电流小于 5 A,此时 CPU 工作电压通过 SVID 进行调整。

CPU 的初始启动电压根据 CPU 的型号不同,分为 0、0.9 V、1.0 V 和 1.1 V 四种,通常为 1.0 V(早期 CPU,$V_{boot}=0$ V)。VR12 可以通过编程的方式设置过温报警门限,典型设置值为 100 ℃,通过设置 Tmax 寄存器来进行。当温度超过 100 ℃ 以后,将会由硬件触发 VR-HOT,导致 CPU 降频,此时如果温度不能降低到额定范围,VR 控制将会关断输出电压,以保护 VRM 的功率器件。CPU 可以通过 SVID 通信设置自身的各项参数:最大电流、最高 VR 温度、负载线性率(Loadline)、开机启动 V_{boot}、最大输出电压、地址以及电压偏置等信息。

4. VR12.5

VR12.5 是 Grantley & Denlow 平台电压规范,CPU 包括 Haswell 和 Broadwell 两种。CPU 的主工作电压为 VCCIN 和 VCCIO,其中 VCCIN 的电压值为 1.47~1.85 V,最大工作电流可以达到 189 A。CPU 在启动时,有 20 ms 的 Turbo Boost 过程,此时对 VRM 有较大的功率要求,因此要求 CPU 的过流保护大于 220 A。

VR12.5 和 VR12 的通信方式一样,VR-HOT 需要根据 CPU 的电源设计规范(简称 PDG)来设定。当温度超过 90 ℃ 时,VRM 将会通过 SVID 通信将温度信息发给 CPU 参考;当温度超过 97 ℃ 时,会发出告警信号,同时 VR-HOT 通过硬件方式发给 CPU 告警信号。如果温度继续上升，VRM 将会采用硬关断的方式关闭 VRM 输出。Intel CPU 启动时 $V_{\text{boot}}=1.7\ \text{V}$。

5. VR13

VR13 是 Intel Purley 平台电压规范，CPU 工作电压有 4 组：VCCIN（又称为 VCCP、Vcore）、VSA（Service Agent Rail，服务器电源设计中称为 VSA）、VMCP 和 VCCIO，通信方式和 VR12 一样。值得注意的是，VR13 并没有延续 VR12.5 的设计方式将电压转换放置在 CPU 内部进行，而是遵照 VR12 的供电方式，恢复了 VSA 和 VTT 两组 VR 的独立设计需求。从技术面来看，应该是 CPU 散热问题没有得到彻底解决，不得不遵照 VR12 的设计方式将 VSA 和 VMCP 分开设计。

无论是 VR11，还是 VR12 或者 VR13，CPU 都会使用 VDDQ 作为参考电压和供电电压。许多电源设计工程师在讨论 CPU 供电电压时都会对此避而不谈或者漏掉。VDDQ 是 Memory 的主工作电压，根据记忆体的型号不同，工作电压也不一样。DDR4 工作电压为 1.2 V；DDR3 工作电压为 1.35 V/1.5 V；DDR2 工作电压为 1.8 V。

关于 CPU 负载线的定义，不同的 CPU 要求也不同，VR12 中 EP 型号的 CPU 定义为 $0.8\ \text{m}\Omega$；EN 型号的 CPU 定义为 $1.25\ \text{m}\Omega$。VR12.5 中，分别定义为 $1.22\ \text{m}\Omega$、$1.5\ \text{m}\Omega$ 和 $1.7\ \text{m}\Omega$。CPU 负载线的意义：可以降低 CPU 功耗和减小动态时的过冲（Overshoot）和过放（Undershoot）电压。后面会有专门的章节进行讨论，在此不再详细介绍。

关于笔记本电源的设计规范，专业名词称为 IMVP（Intel Mobile Voltage Positioning）。IMVP 是 Intel 公司制定的笔记本电源规范行业标准，有多个版本（IMVP6、IMVP7），目前最新版本为 IMVP8。通常 CPU 核心电压的配置方式分为静态电压调节和 IMVP 电压调节两种，通过对比两种电压调节方式，说明如下：

① 静态电压调节：VRM 在给 CPU 提供电力时，VR 的输出电压会保持不变，无论处理器的负载怎样变化，CPU 的供电电压都会保持在额定范围内。

② IMVP 电压调节：VRM 在给 CPU 提供电力时，供电电压会随着 CPU 负载的上升，VR 的输出电压会按照一定的线性关系逐步下降，这种方式能够大大降低 CPU 的损耗。从原理上来看，IMVP 电压调节方式和 VR12 原理一样，但具体操作还是有很大差异，测试内容也不相同，在此不再累述。

2.1　VR12.0 电气特性

对于 VR12.0 和 VR12.5，我们将会使用不同的格式进行详细说明。VR12.0 是根据常规电气规格的格式进行说明的，包括电压范围、额定电压规格、纹波规格、电压调整率、电压精度要求等。详细描述如下：

1. CPU_VCCP

电压范围：$0.8 \sim 1.2\ \text{V}$。

额定电压规格(Nominal Voltage)：1.0 V(VID 控制)。
纹波规格(Ripple & Noise)：
 PS0 状态：±5 mV；
 PS1 状态：±10 mV；
 PS2 状态：+20 mV/−10 mV。
直流电压调整率[DC Regulation(±%)]：NA。
交流电压调整率[AC Regulation(±%)]：NA。
电压精度要求[DC & AC Total Tolerance(±%)]：±15 mV。
电流规格：106 A(TDC),135 A(Peak)；PS0 电流负载为 20 A,PS1 电流负载为 5 A。
拉载斜率：200 A/μs。
拉载步进：93 A。
Loadline 规格：1.25 mΩ。
SVID：CPU 与 VRM 的通信方式为 SVID,SVID 电压调整为 1.5～1.82 V。
CPU 型号：CPU/ Sandy Bridge - EN。

2. CPU_VSA

电压范围：0.905～1.025 V。
额定电压规格(Nominal Voltage)：0.965 V。
纹波规格(Ripple & Noise)：±10 mV。
直流电压调整率[DC Regulation(±%)]：±5 mV；
交流电压调整率[AC Regulation(±%)]：±45 mV。
电压精度要求：±6%。
电流规格：18 A(TDC),20 A(Peak)。
拉载斜率：2.5 A/μs。
拉载步进：7.5 A。

3. CPU_VTT

电压范围 VTT：0.95～1.05 V。
额定电压规格(Nominal Voltage)：1.05/1.0 V。
纹波规格(Ripple & Noise)：±0.6%VTT。
直流电压调整率[DC Regulation(±%)]：±0.6%。
交流电压调整率[AC Regulation(±%)]：±3.25%。
电压精度要求[DC & AC Total Tolerance(±%)]：±4.45%。
电流规格：16 A(TDC),20 A(Peak)。
拉载斜率：17 A/μs。
拉载步进：6.5 A。

4. CPU_PLL

电压范围：1.71～1.89 V。

电压规格(Nominal Voltage)：1.8 V/1.7 V。

纹波规格(Ripple & Noise)：±1%。

直流电压调整率[DC Regulation(±%)]：±2%。

交流电压调整率[AC Regulation(±%)]：±1.5%。

电压精度要求[DC & AC Total Tolerance(±%)]：2%。

电流规格：2 A(TDC)，2 A(Peak)。

拉载斜率：0.1 A/μs。

拉载步进：0.1 A。

5. RAM VDDQ

电压范围：有两种类型，电压范围有区别。

电压规格(Nominal Voltage)：1.515 V/1.365 V。

纹波规格(Ripple & Noise)：±0.5%。

直流电压调整率[DC Regulation(±%)]：±0.5%。

交流电压调整率[AC Regulation(±%)]：±2.3%。

电压精度要求[DC & AC Total Tolerance(±%)]：±5%。

电流规格：37.7 A(TDC)，42.88 A(Peak)。

拉载斜率：10A/μs；

拉载步进：16.6 A。

6. RAM VTT

电压范围：1.71～1.89 V。

电压规格(Nominal Voltage)：(1/2)VDDQ。

纹波规格(Ripple & Noise)：±1%。

直流电压调整率[DC Regulation(±%)]：±1%。

交流电压调整率[AC Regulation(±%)]：

$\quad V_{min}$ = VDDQ×0.49% −24 mV；

$\quad V_{max}$ = VDDQ×0.51%+24 MV。

电压精度要求[DC & AC Total Tolerance(±%)]：1%。

电流规格：1.8 A(TDC)，2.1 A(Peak)。

拉载斜率：1.5 A/μs。

拉载步进：1～1.86 A。

7. P1V1_SSB

电压范围：1.045～1.155 V。

电压规格(Nominal Voltage)：1.1 V。

纹波要求(Ripple & Noise)：±0.5%。

直流电压调整率[DC Regulation(±%)]：±1.2%。

交流电压调整率[AC Regulation(±%)]：±2.8%。

电压精度要求[DC & AC Total Tolerance(±%)]：±2.0%。

电流规格：8.75 A(TDC)，11.6 A(Peak)。

拉载斜率：20 A/μs。

拉载步进：8 A。

供电 IC：PCH/ Intel Patsbug - D。

8. P3V3_AUX

电压范围：±5%。

电压规格(Nominal Voltage)：3.3 V。

纹波要求(Ripple & Noise)：±1%。

直流电压调整率[DC Regulation(±%)]：±2%。

交流电压调整率[AC Regulation(±%)]：±1.5%。

电压精度要求[DC & AC Total Tolerance(±%)]：±2%。

电流规格：2.65 A(TDC)，4.22 A(Peak)。

拉载斜率：1 A/μs。

拉载步进：1 A。

给下面的 IC 供电：PCH/ Intel Patsbug - D、CPLD/ LCMX0256、SPI EEPROM/W25Q64 8M、Clock Generator/CKMNG、SPI EEPROM/W25Q64 16M、iBMC/IBMC PILOT3、I350/I350 Lan chip 等。

9. P1V8_AUX

电压范围：1.71～1.89 V。

电压规格(Nominal Voltage)：1.8 V。

纹波要求(Ripple & Noise)：±1%。

直流电压调整率[DC Regulation(±%)]：±2.5%。

交流电压调整率[AC Regulation(±%)]：±2%。

电压精度要求[DC & AC Total Tolerance(±%)]：2%。

电流规格：0.3 A(TDC)，0.33 A(Peak)。

拉载斜率：0.2 A/μs。

拉载步进：0.2 A。

给下面的 IC 供电：IBMC / IBMC PILOT3 和 I350/ I350 Lan chip。

10. P1V5_AUX

电压范围：1.425～1.575 V。

电压规格(Nominal Voltage)：1.5 V。

纹波规格(Ripple & Noise)：±1%。

直流电压调整率[DC Regulation(±%)]：±2.5%。

交流电压调整率[AC Regulation(±%)]：±2%。

电压精度要求[DC & AC Total Tolerance(±%)]：2%。

电流规格：0.69 A(TDC)，0.74 A(Peak)。

拉载斜率：0.2 A/μs。

拉载步进：0.2 A。

给下面的 IC 供电：IBMC DDR3/K4B1G16 和 IBMC/IBMC PILOT3。

11. P1V0_AUX

电压范围：0.95～1.05 V。

电压规格(Nominal Voltage)：1.0 V。

纹波规格(Ripple & Noise)：±1%。

直流电压调整率[DC Regulation(±%)]：±1.2%。

交流电压调整率[AC Regulation(±%)]：±2.3%。

电压精度要求[DC & AC Total Tolerance(±%)]：2%。

电流规格：2.79 A(TDC)，3.49 A(Peak)。

拉载斜率：1 A/μs。

拉载步进：1 A。

给下面的 IC 供电：IBMC/IBMC PILOT3 和 I350/I350 Lan chip。

12. P1V1_STBY_SSB

电压范围：1.045～1.155 V。

电压规格(Nominal Voltage)：1.1 V。

纹波要求(Ripple & Noise)：±0.5%。

直流电压调整率[DC Regulation(±%)]：±2%。

交流电压调整率[AC Regulation(±%)]：±2%。

电压精度要求[DC & AC Total Tolerance(±%)]：2%。

电流规格：1 A(TDC)，1.84 A(Peak)。

拉载斜率：13 A/μs。

拉载步进：0.7 A。

给下面的 IC 供电：PCH/ Intel Patsbug-D。

13. P1V5_SSB

电压范围：1.425～1.575 V。

电压规格(Nominal Voltage)：1.5 V。

纹波要求(Ripple & Noise)：5%。

直流电压调整率[DC Regulation(±%)]：±2.5%。

第2章 主板电源设计流程规范及功率预算

交流电压调整率[AC Regulation(±%)]：±2%。
电压精度要求[DC & AC Total Tolerance(±%)]：2%。
电流规格：0.34 A(TDC)，0.36 A(Peak)。
拉载斜率：0.02 A/μs。
拉载步进：0.2 A。
给下面的IC供电：PCH/Intel Patsbug-D。

14. P0V75_AUX

电压范围：0.7125～0.7875 V。
电压规格(Nominal Voltage)：0.75 V。
纹波要求(Ripple & Noise)：±1%。
直流电压调整率[DC Regulation(±%)]：±15 mV。
交流电压调整率[AC Regulation(±%)]：±2%。
电压精度要求[DC & AC Total Tolerance(±%)]：2%。
电流规格：0.33 A(TDC)，0.33 A(Peak)。
拉载斜率：0.1 A/μs。
拉载步进：0.1 A。
给下面的IC供电：IBMC的DDR3。

2.2 VR12.5 电气特性

对于VR12.5，下面将会根据电气规格要求、电源设计要求以及供应商方案来进行具体说明，方便读者理解。

2.2.1 CPU供电

1. PVCCIN

电气规格：电压范围为1.47～1.85 V；不同型号的CPU，工作电流不同，需要根据CPU的电子表格来测试，规格分为AC和DC两部分。当SVID的电压确定以后，测试规格将会比较严格，电压范围也会不同，测试要求参考Intel和AMD的电子测试表格spreadsheet。

电源设计要求：使用8Pin/4Pin连接器的P12V作为输入电压，通过多相Buck电路进行转换。

供应商方案：IR3564/6、TI53641/TPS53661、ISL63XX系列、Infineon的PX38/7XX系列、PX88/7XX系列。

2. PVCCIO(1.05 V 或 0.95 V)

电气规格：Sandy bridge CPU为1.05×(1±0.05) V或Ivy bridge CPU为

$0.95\times(1\pm0.05)$ V,工作电流为 $0.2\sim1$ A;不同规格的 CPU,其工作电压有差异,有些 CPU 的 PVCCIO 为 1.05 V,有的为 0.95 V。

电源设计要求:使用 8Pin/4Pin 连接器的 P12V 作为输入电压,可以通过 Buck 电路或者 LDO 进行转换供电,需要 HW 提供一个 I/O 口进行控制电压反馈,使电压可以在 1.05 V 和 0.95 V 之间切换。

3. PVDDQ

和 DIMM 电源共享,参考 2.2.2 小节。

4. VSA(Grantley CPU 要求)

电气规格:电压范围为 $0.85\times(1\pm0.05)$ V,工作电流为 $16\sim20$ A;不同的 CPU 负载电流有差异。

电源设计要求:使用 8Pin/4Pin 连接器的 P12V 作为输入电压,再通过单相 Buck 电路进行转换。

5. VTT(Grantley CPU 要求)

电气规格:电压范围为 $1.05\times(1\pm0.05)$ V(IVY Bridge CPU 为 $0.95\times(1\pm0.05)$ V,工作电流为 $16\sim20$ A;不同的 CPU 负载电流有差异。

电源设计要求:使用 8Pin/4Pin 连接器的 P12V 作为输入电压,再通过单相 Buck 电路进行转换;需要有远端电压传感器检测输出电压并且需要有控制端控制输出电压可调,目前只有 Intersil 公司的 ISL95870 可以使用。

2.2.2 RAM 供电

以 DDR4 LRDIMM 为例进行说明。

1. PVDDQ

电气规格:典型值为 1.2 V(DDR3 的 PVDDQ 为 1.5 V 或者 1.35 V),规格范围要求为 $1.156\sim1.258$ V,负载电路为 4~6 A/DIMM 不等。

电源设计要求:使用 8Pin/4Pin 连接器的 P12V 作为输入电压,再通过多相 Buck 电路进行转换。

供应商方案:IR3564,TI53641/TPS53661,ISL63XX 系列,Infineon 的 PX32/1XX 系列、PX82/1XX 系列。

2. PVTT

电气规格:典型值为 0.6 V(DDR3 的 PVTT 为 0.75 V),规格范围要求为 $0.57\sim0.63$ V,负载电路为 $0.2\sim0.6$ A/DIMM 不等。

电源设计要求:如果 DIMM 数量比较多,总电流超过 2 A,使用 8Pin/4Pin 连接器的 P12V/P5V 或者 P3V3 作为输入电压;如果总电流小于 2 A,可以使用 LDO 进行转换,输入电压为 VDDQ。参考电压通过对 PVDDQ 的一半分压得到,其值始终

第 2 章　主板电源设计流程规范及功率预算

和 PVDDQ 保持同步增减。

3. PVPP

电气规格：典型值为 2.616 V（DDR3 没有这组供电电压），规格范围要求为 2.5～2.68 V，负载电路为 0.2～0.6 A/DIMM 不等；Intel 公司规定最大电流应该为 7～12 A。

电源设计要求：使用 P12V/P5V 或者 P3V3 作为输入电压，由于 Intel 公司规定此电流最大为 7～12 A，所以 OCP 点的设定和输出电感的选型需要注意这一点。

2.2.3　PCH 供电

以 Wellsburg 芯片为例进行说明。

1. P1V5_PCH

电气规格：电压范围为 1.43～1.58 V，负载电流为 0.1～0.5 A。

电源设计要求：可以使用 20Pin/24Pin 连接器的 P12V/P5V/P3V3 作为输入电压，使用 LDO 进行线性转换。

2. P1V05_PCH

电气规格：电压范围为 0.998～1.10 V，工作电流为 5 A 左右，待机状态时为 0.4～1 A。

电源设计要求：有待机要求，需要使用 P5VSB 作为输入电压，然后使用 Buck 电路进行转换；没有待机要求，可以使用 20Pin/24Pin 连接器的 P12V/P5V/P3V3 作为输入电压，再通过 Buck 电路进行转换。

3. P3V3

电气规格：电压范围为 $3.3\times(1\pm0.05)$ V。

电源设计要求：如果有待机要求，需要使用 P5VSB 作为输入电压，通过 Buck 电路进行转换；如果没有待机要求，可以直接使用 20Pin/24Pin 连接器的 P3V3 电源。

2.2.4　1 GB 网口供电

1. P3V3SB

以 Intel I210/I350 芯片为例进行说明。

电气规格：电压范围为 $3.3\times(1\pm0.05)$ V，工作电流为 0.5～1 A。

电源设计要求：有待机要求，需要使用 P5VSB 作为输入电压，通过 Buck 电路进行转换。

2. P1V0_AUX

以 Intel I350 芯片为例进行说明。

电气规格：电压范围为 0.95～1.05 V，工作电流为 0.5～3 A。

电源设计要求：有待机要求，需要使用 P5VSB 作为输入电压，通过 Buck 电路进行转换。

3. P1V8_AUX

以 Intel I350 芯片为例进行说明。

电气规格：电压范围为 $1.8\times(1\pm0.05)$ V，工作电流为 $0.1\sim0.5$ A。

电源设计要求：有待机要求，需要使用 P5VSB 作为输入电压，通过 Buck 电路进行转换，或者输入使用 P3V3SB，通过 LDO 进行转换。

2.2.5 Dual 10GbE Controller Lan

以 Mellanox CX3/Intel 82599 芯片为例进行说明。

1. P3V3SB

电气规格：电压范围为 $3.3\times(1\pm0.05)$ V，工作电流为 $0.5\sim1$ A。

电源设计要求：有待机要求，需要使用 P5VSB 作为输入电压，通过 Buck 电路进行转换。

2. P1V8_AUX

电气规格：电压范围为 $1.8\times(1\pm0.05)$ V，工作电流为 $0.5\sim1$ A。

电源设计要求：有待机要求，需要使用 P5VSB 作为输入电压，通过 Buck 电路进行转换；也可以用 P3V3SB 作为输入电压，通过 LDO 进行转换。

3. P1V2_AUX

电气规格：电压范围为 $1.2\times(1\pm0.05)$ V，工作电流为 $1\sim2$ A，Intel 82599 为 $4\sim6$ A。

电源设计要求：有待机要求，需要使用 P5VSB/P3V3SB 作为输入电压，通过 Buck 电路进行转换。

4. P0V9_AUX

电气规格：电压范围为 $0.9\times(1\pm0.05)$ V，工作电流为 $2\sim4.0$ A。

电源设计要求：有待机要求，需要使用 P5VSB/P3V3SB 作为输入电压，通过 Buck 电路进行转换。

2.2.6 BMC 供电

以 Aspeed AST2400 芯片为例进行说明。

1. P1V26_AUX

电气规格：电压范围为 $1.26\times(1\pm0.05)$ V，工作电流为 $0.4\sim0.8$ A。

电源设计要求：有待机要求，需要使用 P5VSB/P3V3SB 作为输入电压，通过 Buck 电路进行转换。

2. P1V5_AUX

电气规格：电压范围为 1.5×(1±0.05) V，工作电流为 0.4～0.8 A。

电源设计要求：有待机要求，需要使用 P5VSB/P3V3SB 作为输入电压，通过 Buck 电路进行转换。

3. P3V3SB

电气规格：电压范围为 3.3×(1±0.05) V，工作电流为 0.2～0.4 A。

电源设计要求：有待机要求，需要使用 P5VSB 作为输入电压，通过 Buck 电路进行转换。

4. P1.05V

电气规格：电压范围为 0.998～1.10 V，工作电流为 5 A 左右，待机状态时为 0.4～1 A。

电源设计要求：有待机要求，需要使用 P5VSB/P3V3SB 作为输入电压，通过 Buck 电路进行转换；没有待机要求，可以使用 20Pin/24Pin 连接器的 P12V/P5V/P3V3 作为输入电压进行电压转换。

2.2.7 时钟芯片供电

以 CK402BQ、DB1900Z、ICS932SQ420B、ICS9ZX21501 芯片为例进行说明。

电气规格：电压范围为 3.3×(1±0.05) V，工作电流为 0.5～1.5 A。

电源设计要求：有待机要求，需要使用 P5VSB/P3V3SB 作为输入电压，通过 Buck 电路进行转换；没有待机要求，可以直接使用 20Pin/24Pin 连接器的 P3V3 作为输入电压进行电压转换。

2.2.8 PCIE 插槽供电

1. P3V3SB

电气规格：电压范围为 3.3×(1±0.05) V，工作电流为 1～20 A，需要根据 Device 配置来确定其电流大小。

电源设计要求：有待机要求，需要使用 P5VSB 作为输入电压，通过 Buck 电路进行转换。

2. P12V

电气规格：电压范围为 12×(1±0.05) V，工作电流为 1～20 A，需要根据 Device 配置来确定其电流大小。

电源设计要求：直接使用系统 PSU 的 20Pin/24Pin 连接器的 P12V 电源供电。

2.2.9 系统散热风扇供电

P12V0

电气规格：电压范围为 $12\times(1\pm0.1)$ V，工作电流为 0.5~10 A，需要根据风扇来确定其电流大小。

电源设计要求：直接使用系统 PSU 的 20Pin/24Pin 连接器的 P12V 电源供电。

2.2.10 SAS 硬盘供电

以日立的硬盘为例。

1. P12V

电气规格：电压范围为 $12\times(1\pm0.1)$ V，单个硬盘工作电流为 0.5~4 A，需要根据硬盘规格来确定其电流大小。

电源设计要求：直接使用系统 PSU 的 8Pin/4Pin 连接器 P12V 供电。

2. P5V

电气规格：电压范围为 $5\times(1\pm0.05)$ V，单个硬盘工作电流为 0.5~2 A，需要根据硬盘规格来确定其电流大小。

电源设计要求：直接使用系统 PSU 的硬盘专用连接器 P5V 电源，如果硬盘比较多，则需要使用背板进行电源扩展供电。

2.2.11 SATA 硬盘供电

P5V

电气规格：电压范围为 $5\times(1\pm0.05)$ V，单个硬盘工作电流为 0.5~2 A，需要根据硬盘规格来确定其电流大小。

电源设计要求：直接使用系统 PSU 的硬盘专用连接器 P5V 电源，如果硬盘比较多，则需要使用背板进行电源扩展供电。

2.2.12 SSD 硬盘供电

P5V

电气规格：电压范围为 $5\times(1\pm0.05)$ V，单个硬盘工作电流为 0.5~1 A，需要根据硬盘规格来确定其电流大小。

电源设计要求：直接使用系统 PSU 的硬盘专用连接器 P5V 电源，如果硬盘比较多，则需要使用背板进行电源扩展供电。

2.2.13 CPLD 供电

以 Lattice LCMXO256C–3MN100C 芯片为例进行说明。

电气规格：电压范围为 3.3×(1±0.05) V，工作电流为 0.01～0.2 A。

电源设计要求：有待机要求，需要使用 P5VSB 作为输入电压，通过 Buck 电路进行转换。

2.2.14　SAS Controller 供电

以 LSI3008 芯片为例进行说明。

1. P0V9

电气规格：电压范围为 0.85～0.95 V，工作电流为 10～20 A。

电源设计要求：直接使用系统 PSU 的 20Pin/24Pin 连接器的 P12V 电源作为输入电压，然后通过 Buck 电路进行转换。

2. P1V8

电气规格：电压范围为 1.8×(1±0.05) V，工作电流为 0.5～1.5 A。

电源设计要求：使用系统 PSU 的 20Pin/24Pin 连接器的 P12V/P5V/P3V3 电源作为输入电压，然后通过 Buck 电路进行转换。

3. P1V5

电气规格：电压范围为 1.5×(1±0.05) V，工作电流为 0.2～0.6 A。

电源设计要求：使用系统 PSU 的 20Pin/24Pin 连接器的 P12V/P5V/P3V3 电源作为输入电压，然后通过 Buck 电路进行转换；也可以使用 P3V3 通过线性稳压器 LDO 进行转换。

2.2.15　PHY 为 BMC 供电

以 Broadcom BCM5221 芯片为例进行说明。

P3V3_AUX

电气规格：电压范围为 3.3×(1±0.05) V，工作电流为 0.01～0.2 A。

电源设计要求：有待机要求，使用系统 PSU 的 20Pin/24Pin 连接器的 P5VSB 电源作为输入电压，然后通过 Buck 电路转换成 P3V3SB 供电。

2.2.16　TPM Module 供电

以 ST19NP18 芯片为例。

P3V3A

电气规格：电压范围为 3.3×(1±0.05) V，工作电流为 0.1～0.3 A。

电源设计要求：使用系统 PSU 的 20Pin/24Pin 连接器的 P5V 电源作为输入电压，然后通过 Buck 电路转换成 P3V3 供电。

2.3 VR13 电气特性

Intel VR13 电压规范与 VR12.5 完全不能兼容,各组电源描述如下。

2.3.1 CPU 供电

CPU 供电电源分布如图 2.1 所示。针对各组供电说明如下。

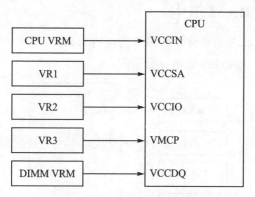

图 2.1 CPU 供电电源分布图

1. VCCIN

以 EP 型号为例说明 CPU 主电压。

电压规格:1.6~1.82 V;

电流规格:87 A(TDC),226 A(Peak);

拉载步进:145 A;

拉载斜率:600 A/μs;

Loadline 要求:1.0 mΩ;

SVID:CPU 与 VRM 的通信方式为 SVID,电压范围为 1.5~1.82 V。

2. VCCSA

电压规格:0.95~1.05 V;

电流规格:9 A(TDC),11 A(Peak);

拉载步进:5 A;

拉载斜率:6 A/μs。

3. VMCP

电压规格:0.95~1.05 V;

电流规格:8 A(TDC),12 A(Peak);

拉载步进:2.45 A;

拉载斜率:13.6 A/μs。

4. VCCIO

电压规格：0.95~1.05 V；

电流规格：17 A(TDC),21 A(Peak)；

拉载步进：13 A；

拉载斜率：21 A/μs；

SVID：CPU 与 VR 的通信方式为 SVID。

2.3.2 记忆体 RAM 供电

电源分布图：以 8 条记忆体功率预算为例进行描述。

图 2.2 为记忆体 RAM 供电电源分布图。

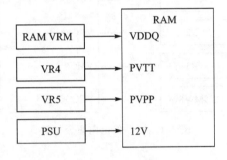

图 2.2　记忆体 RAM 供电电源分布图

1. VDDQ(RAM 主电压)

电压规格：1.140~1.260 V；

电流规格：75.4 A(TDC),87.5 A(Peak)；

拉载步进：55.7 A；

拉载斜率：20 A/μs；

SVID：CPU 与 VRM 的通信方式为 SVID。

2. PVPP

电压规格：2.425~2.575 V；

电流规格：8 A(TDC),18 A(Peak)；

拉载步进：6.8 A；

拉载斜率：33 A/μs。

3. PVTT

电压规格：0.540~0.660 V；

电流规格：1.716 A(TDC),---A(Peak)；

拉载步进：3.07 A；

拉载斜率：6 A/μs。

2.3.3 PCH 供电

以 Wellsburg 系列为例进行描述。PCH 供电电源分布如图 2.3 所示。

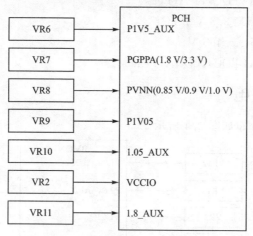

图 2.3　PCH 供电电源分布图

1. PVNN 和 P1V05（PCH 主电压）

电压规格：0.95～1.1 V；

电流规格：5 A(TDC)，28 A(Peak)；

拉载步进：14 A；

拉载斜率：20 A/μs；

SVID：CPU 与 VRM 的通信方式为 SVID。

2. PGPPA

电压规格：1.71～1.89 V；

电流规格：0.7 A(TDC)，1 A(Peak)。

3. 1.05_AUX

电压规格：0.95～1.1 V；

电流规格：8 A(TDC)，10 A(Peak)；

拉载步进：4 A；

拉载斜率：10 A/μs。

4. 1.8_AUX

电压规格：0.95～1.1 V；

电流规格：0.6 A(TDC)，1 A(Peak)；

拉载步进：0.3 A；

拉载斜率：1 A/μs。

5. VCCIO

电压规格：0.95～1.05 V；

电流规格：0.5 A(TDC)，1 A(Peak)。

3.3 V/3.3 V AUX/3.3 V RTC：

电压规格：3.135～3.465 V；

电流规格：0.1 A(TDC)，0.4 A(Peak)。

2.3.4 BMC 供电

BMC 供电电源分布如图 2.4 所示。

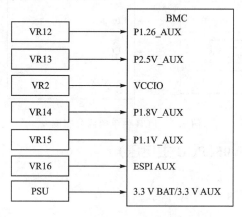

图 2.4　BMC 供电电源分布图

1. P1.26_AUX

电压规格：1.2～1.1.38 V；

电流规格：0.7 A(TDC)，0.7 A(Peak)。

2. P2.5V_AUX

电压规格：2.425～2.575 V；

电流规格：0.5 A(TDC)，1 A(Peak)。

3. VCCIO(CPU 的供电 VR)

电压规格：0.95～1.05 V；

电流规格：0.5 A(TDC)，1 A(Peak)。

4. P1.8V_AUX

电压规格：1.71～1.89 V；

电流规格：0.6 A(TDC)，1 A(Peak)；

拉载步进：0.3 A；

拉载斜率：1 A/μs。

第 2 章 主板电源设计流程规范及功率预算

5. P1.1V_AUX

电压规格：0.95～1.1 V；

电流规格：4 A(TDC)，6 A(Peak)。

6. 1.2V_AUX

电压规格：1.14～1.26 V；

电流规格：0.5 A(TDC)，1 A(Peak)；

拉载步进：4 A；

拉载斜率：10 A/μs。

7. 0.6V_AUX

电压规格：0.54～0.66 V；

电流规格：0.6 A(TDC)，1 A(Peak)。

8. 2.5V_AUX

电压规格：2.425～2.575 V；

电流规格：0.5 A(TDC)，1 A(Peak)。

BMC DDR 供电电源分布如图 2.5 所示。供电电压为 3 组，分别为 1.2 V、0.6 V 和 2.5 V，供电模式和 CPU 记忆体一样。

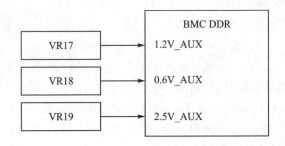

图 2.5 BMC DDR 供电电源分布图

关于其他器件的供电，包括以太网控制器、硬盘扩展控制器的供电，不再一一介绍。

2.4 主板电源设计流程

主板电源设计方案需要依据硬件的电源功率预算大小才能进行制定，有时还要依据系统运行状态对使用率系数 K 进行换算，设计流程大致如下：

① 硬件设计(HW)首先根据客户规格确定硬件配置和主板硬件规格书；

② HW 根据硬件配置器件规格书(datasheet)确定供电电气特性和时序要求；

③ HW 将上面的规格要求整理成文档形式交电源工程师进行电源方案的选定；

第 2 章 主板电源设计流程规范及功率预算

④ 电源工程师根据 HW 要求选定电源方案;

⑤ 电源工程师根据每组 VR 的输入电压要求,平衡调整输入电压的功率大小,以满足 PSU 的规格要求;

⑥ 电源工程师根据 PSU 规格调整各组 VR 的输入电压及时序;

⑦ 电源工程师根据主板功率要求及系统使用率要求确定 PSU 的功率规格;

⑧ 电源工程师开始设计 DC/DC 原理图并计算组件参数;

⑨ 电源工程师将原理图导入 Netlist 表格,生成逻辑文件,并且制定 PCB 布局要求;

⑩ 电源工程师将逻辑文件发给 PCB 布局工程师,由其导入生成 PCB 文件;

⑪ PCB 布局工程师根据电源工程师的 PCB 布局要求进行组件放置和 PCB 布线;

⑫ 电源 PCB 布局完成以后,电源工程师和电源方案供应商检查 PCB 布局是否合理;

⑬ PCB Gerber out;

⑭ PCB 洗板;

⑮ 产线 PCBA Build;

⑯ 电源工程师开机验证电源;

⑰ 电源工程师根据 Test Plan 生成 Test Report;

⑱ 总结,进入下一个阶段。

主板设计流程分为以下几个阶段:

① RFQ(Request for Quotation),即客户报价询问阶段。

② EVT(Engineering Verification Test),即工程验证产品开发初期的设计验证,包括一般功能测试和安规测试。

③ DVT(Design Verification Test),设计验证测试阶段,一般 EVT 阶段会有一些潜在或者在 EVT 得不到解决的问题,需要到 DVT 阶段解决这些问题。都解决后,DVT 阶段以后产品基本定型。

④ PVT(Process Verification Test),即小批量过程验证测试,硬件测试的一种,主要验证新机型的各功能实现状况并进行稳定性及可靠性测试。该阶段的产品需要进行所有认证。

⑤ MP(Mass Production),指的是产品量产。

当然,有些公司的开发流程名称和上面不能一一对应,但是本质一样,只是称呼不同,比如:Intel 公司将开发产品阶段称为 Alpha、Beta、Silver、Gold 和 SRA。

针对主板电源设计,电源工程师需要按照设计流程对电源进行设计和验证。除此之外,还需要有专业的技能才能担负起重任,主要技能如下:

① 精通电源规格的应用面。需要对各家的电源方案进行比照和了解,知道其优缺点,深入了解电源规格要求,才能够充分了解电源设计的精髓。

② 精通主板硬件器件功率以及系统功率分析。需要了解硬件器件的运作方式

以及实际应用,任何一个器件都能充分了解其功率大小,以便于提高电源可靠性以及散热方面的要求,对 HW 开出的功率预算是否合理就会一目了然。

③ Debug 能力及总结报告。主板电源 Debug 能力的提升是一个长期实践积累的过程,需要通过操作和理论积累,总结报告的编写非常重要,需要一定的文字功底及表达能力,将经验教训通过文档的形式向大家展示,能够表达清楚就是一种进步,是技术通向管理的必要历程。如果只能意会不能言传,那就注定了您只能做一辈子的电源设计工程师。

这三方面的能力,许多刚入门的工程师都能具备,但在实际电源设计中,往往会被忽略。

2.5 主板硬件器件功率预算

主板硬件器件包含 CPU、Memory、PCH、BMC、BIOS、CPLD、超级 I/O 扩展、硬盘扩展控制器以及以太网控制器等。从理论上来讲,这些器件的供电都是独立的。实际上,这些器件的供电,只要时序相同,供电是可以通过同一组 VR 来进行供电的,主板电源在设计初期,都会对这些器件的供电进行独立设计和功率计算。从 DC/DC 角度来分析问题,需要按照这些器件的最大电流负载来定义方案。下面以 VR12.0 的 CPU Sandy Bridge 供电为例,此 CPU 的 TDP 功率为 95 W。

2.5.1 CPU 供电电气规格及功率预算

① PVCC:

电压规格:0.8~1.2 V,额定电压为 1.05 V;

电流规格:115 A(TDC),135 A(Peak)。

② PVSA:

电压规格:0.95~1.05 V;

电流规格:20 A(TDC),24 A(Peak)。

③ PVTT:

电压规格:0.95~1.05 V;

电流规格:20 A(TDC),24 A(Peak)。

④ PVPLL:

电压规格:1.71~1.89 V;

电流规格:2 A(TDC),2 A(Peak)。

根据上面 CPU 各项供电参数和规格来计算功率,如下:

CPU 总功率=1.05 V×115 A+1.0 V×20 A+1.0 V×20 A+1.8 V×2 A=164.35 W

而 CPU 的 TDP 功率为 95 W,TDP 的解释为:CPU 的设计散热功率为 95 W,

是指当 CPU 运行 Stress 软件时,最差情况下,功率为 95 W;因计算功率为 164 W,显然,计算功率大大超出 CPU 的实际功率,说明 CPU 的 4 组 VR 不会同时都运行在 TDC 状态,当 PVCC 满负荷供电时,PVSA、PVTT 及 PVPLL 供电都处在较轻负载状态下。因此,上面的 CPU 电气规格是给 DC/DC 电源设计工程师作为参考使用的,所有的 VRM/VR 设计必须满足这个设计条件,才能保证当主板器件运行在最大负载条件时不会出问题。但是对于主板适配的 PSU 来讲,就不适用了,其原因是:如果都按照最大功率考虑主板适配的 PSU 规格,将会导致 PSU 功率超出规格,性价比大大降低,需要根据主板各个器件的使用率进行折算才能得出最终 PSU 的规格。

主板各个期间功率的大小将会通过使用率来进行考核。在主板功率分析中,使用率是指实际使用的器件损耗与该器件的 TDP 的比值,比如:一颗 95 W 的 CPU,若在实际运作最大负载条件下功率为 85 W,那么这种 CPU 的使用率为 $(85/95)\times 100\% = 89\%$。在最终选取 PSU 时,只能根据这个功率计算 PSU 的功率,然后再保留一定的余额即可。

CPU 功率预算:CPU 的功率需要参考 TDP 值,使用率通常为 80%~90%,比如:TDP 为 95 W 的 CPU 功率预算通常为 $(0.8\sim 0.9)\times 95$ W$=76\sim 85.5$ W。

对于 Memory 也是一样,都是需要根据时间测量值或者经验值来进行考虑的。针对主板或者系统器件或者设备,下面简单介绍它们的功率状态。

2.5.2 Memory RAM 功率预算

供电电压通常有下面四种情况:

① SRAM:2.5 V/3.3 V;

② DDR2:1.8 V;

③ DDR3:1.5 V/1.35 V;

④ DDR4:1.2 V。

Memory 的功耗和容量关系不是特别大,但与类型和运行频率有关联。一般情况下,Memory 的功耗为 5~10 W,大多数时候 Memory 的功耗为 7 W 左右。功率预算超出 10 W 的 Memory,比较少见。另外,Memory 的运行是分时刻运行的,CPU 读/写 Memory 时,都是在不同时刻进行操作的。因此,当 CPU 的 Memory 为 8 条时,如果每条 Memory 的功耗为 7 W,那么在预算 Memory 功率时,不能简单认为功率为 56 W,而是需要根据使用率来进行计算。比如,使用率定义为 80%,那么 Memory 的功耗将会为 44.8 W。从目前应用的 Memory 来看,LR Memory 的功耗比 R/U DIMM Memory 类型的功耗要小得多。

2.5.3 硬盘功率预算

1. 硬盘的分类

硬盘主要有三种:SATA 硬盘、SCSI 硬盘和 SAS 硬盘。SATA 硬盘主要应用

第 2 章　主板电源设计流程规范及功率预算

在低端服务器领域,SCSI 和 SAS 硬盘应用在中高端服务器。服务器硬盘一般会采用冗余磁盘阵列(RAID)技术,RAID 技术简而言之就是把同样一份数据分别保存在不同的硬盘中,这样当其中一个硬盘发生损坏时就可以从另一个硬盘恢复数据。服务器硬盘支持热插拔,热插拔(Hot Swap)是服务器支持的一种硬盘安装方式,它可以在服务器不停机的情况下,拔出或插入一块硬盘,操作系统可以自动识别硬盘的改动。

SATA 硬盘:以连续串行的方式传送数据,一次只会传送 1 位数据。这样能减少 SATA 接口的引脚数,使连接电缆数目变少,效率也会更高。SATA 仅用四个引脚就能完成所有的工作,分别用于连接电缆、连接地线、发送数据和接收数据,同时这样的架构还能降低系统能耗和减小系统的复杂性。

SCSI 硬盘:可独立且高速通过 SCSI 卡来控制数据的读/写操作,大大提高了系统的整体性能。SCSI 硬盘支持多任务,允许对一个设备进行数据传输的同时,另一设备对其进行数据查找。

SAS 硬盘:通过 SAS 扩展器可以连接较多的系统设备,每个扩展器允许连接多个端口,每个端口可以连接 SAS 设备、主机或其他 SAS 扩展器;SAS 规范兼容 SATA,SAS 背板可以兼容 SAS 和 SATA 两类硬盘。

2. 功率预算

硬盘的功率预算比较复杂,不同厂家的硬盘,功率也不同,同一厂家的硬盘,不同类型的硬盘,功率都不同,硬盘有两种接口形式:SATA 和 SAS。SAS 硬盘需要使用转接卡才能和 SATA 硬盘兼容。功率方面,SAS 硬盘的功率较大。SATA 硬盘功耗通常为 5~12 W,目前市面上有一种固态硬盘 SSD,损耗特别低,只有 4 W 左右。

硬盘的工作电压有 12 V 和 5 V,其中 SSD 硬盘只有 5 V 供电即可。不同厂家的硬盘,功率不同;从实际测量发现,同一规格的硬盘,日立硬盘功率较大,其他厂家功率相差较近。硬盘的功率和硬盘的容量没有必然联系,但是和硬盘的转速成正比例关系。有时我们在设计系统电源时,发现硬盘的尖峰功率比较大,比如:日立的 3.5 in、容量 500G、转速 7 200 的硬盘,电气规格为 12 V/2.1 A 和 5 V/0.8 A,照此计算,此硬盘的功率为 29.2 W。如果按此功率启动硬盘,假定系统有 32 个硬盘,PSU 的功率将会超出 1 000 W。实际测量发现,硬盘在启动时,功率会达到最大值,时间约为 50 ms,之后,功率将会变小,并且 CPU 读/写硬盘也是在不同时刻进行的,其中读数据的功耗比写数据的功耗小得多。因此,目前在系统设计时,硬盘的启动都是采用一定的时序控制,专业术语称为 Spin Up。假定系统有 32 个硬盘,系统将会根据 PSU 规格,同一时刻启动 4 个或者 8 个硬盘;启动完这些硬盘以后,将会再次启动其他硬盘,减小硬盘的启动功率,避免 PSU 因过载关闭输出,从而可以降低 PSU 的成本。

3. 硬盘电源规格描述

硬盘转速有三种:7 200 r/min、10 000 r/min 和 15 000 r/min。

第 2 章 主板电源设计流程规范及功率预算

以 7K1000C_USA7K2000_1TB 硬盘规格为例,图 2.6 为 SAS HDD 硬件接口引脚定义图。资料来自 7K1000C_USA7K2000_1TB 硬盘规格书。

			Key and spacing separate signal and power segments	
Power	P1	V33	3.3V power	3.3V
	P2	V33	3.3V power	3.3V
	P3	V33	3.3V power, pre-charge, 2nd Mate	3.3V
	P4	Gnd	1st mate	Gnd
	P5	Gnd	2nd mate	Gnd
	P6	Gnd	2nd mate	Gnd
	P7	V5	5V power, pre-charge, 2nd Mate	5V
	P8	V5	5V power	5V
	P9	V5	5V power	5V
	P10	Gnd	2nd mate	Gnd
	P11	Reserved	Support staggered spin-up and LED activity	Reserve
	P12	Gnd	1st mate	Gnd
	P13	V12	12V power, pre-chage, 2nd mate	V12
	P14	V12	12V power	V12
	P15	V12	12V power	V12

图 2.6   7K1000C_USA7K2000_1TB 硬盘供电电源引脚说明

图 2.6 为 7K1000C_USA7K2000_1TB 硬盘供电电源引脚说明,描述了 SAS HDD 在不同状态下电源工作电流的大小规格。Idle 为待机状态,R/W 为读/写状态,Start up 为开机启动状态,此时电流最大。资料来自 7K1000C_USA7K2000_1TB 硬盘规格书。

图 2.7 为 7K1000C_USA7K2000_1TB 硬盘负载电流规格,描述了 SAS HDD 在不同状态下电源工作电流的大小规格。

Power supply current of 2 Disk model (values in milliamps. RMS)	+5 Volts [mA] Pop Mean	+12 Volts [mA] Pop Mean	Total [W]
Idle average	230	270	4.4
Idle ripple (peak-to-peak)	200	400	
Low RPM idle	170	100	2.1
Low RPM idle ripple	100	250	
Unload idle average	170	250	3.9
Unload idle ripple	100	300	
Random R/W average[1]	330	560	8.4
Random R/W peak	1100	1700	
Random R/W average(Quiet Seek)	350	330	5.7
Random R/W peak(Quiet Seek)	1100	1500	
Start up (max)	1100	1800	
Standby average	160	7	0.9
Sleep average	160	7	0.9

图 2.7   7K1000C_USA7K2000_1TB 硬盘负载电流规格

2.5.4 PCH 功耗预算

以 Intel C600 芯片为例，PCH 功耗通常为 4~10 W，供电规格如下：
- PVCCIO 电气规格为 1 V/0.04 A；
- P1V1_SSB 电气规格为 1.05 V/10 A；
- P1V05_AUX 电气规格为 1.05 V/0.7 A；
- P1V5_AUX 电气规格为 1.5 V/0.25 A；
- P3V3_AUX 电气规格为 3.3 V/0.6 A。

不同的 PCH 芯片，功耗不相同，综合考虑，大多为 8 W 左右。

2.5.5 BMC 功耗预算

以 AST2400 + DDR 为例，BMC 功耗通常为 4~8 W，供电规格如下：
- PVCCIO 电气规格为 1 V/0.035 A；
- P1V26_AUX 电气规格为 1.05 V/0.6 A；
- P1V5_AUX 电气规格为 1.5 V/0.6 A；
- P3V3_AUX 电气规格为 3.3 V/0.2 A。

不同的 BMC 芯片，功耗不相同，但是大多为 5 W 左右。

2.5.6 硬盘扩展器/控制器功率预算

扩展器以 LSI_SAS2X36 芯片为例，功耗通常为 6~15 W，供电规格如下：
- P1V0 电气规格为 1 V/7.8 A；
- P1V8 电气规格为 1.8 V/0.15 A；
- P3V3_AUX 电气规格为 3.3 V/0.05 A。

不同的扩展器芯片，功耗不相同，综合考虑，大多为 8 W 左右。

另外，控制器以 LSI X008 系列为例，供电规格如下：
- P0V9 电气规格为 0.9 V/15 A；
- P1V8 电气规格为 1.8 V/0.7 A；
- P3V3_AUX 电气规格为 3.3 V/0.08 A；
- P1V5 电气规格为 1.5 V/0.8 A。

不同的控制器芯片，功耗不相同，综合考虑，大多为 10 W 左右。

2.5.7 10G 以太网控制器功率预算

以 10G BCM57810S 为例，功耗通常为 4~8 W，供电规格如下：
- P1V0 电气规格为 1 V/6.8 A；
- P1V0(MGMT) 电气规格为 1.05 V/3.0 A；
- P3V3_AUX 电气规格为 3.3 V/0.2 A。

不同的以太网芯片,功耗不相同,综合考虑,大多为 5 W 左右。

2.5.8 GBE 控制器功率预算

以 Intel Powerville i350 dual 为例,功耗通常为 4~8 W,供电规格如下:
- P1V0_AUX 电气规格为 1 V/1.0 A;
- P1V8_AUX 电气规格为 1.8 V/0.9 A;
- P3V3_AUX 电气规格为 3.3 V/0.2 A。

不同的 GBE 芯片,功耗不相同,综合考虑,大多为 3 W 左右。

2.6 主板电源启动时序

主板电源的启动有严格的时序要求,时序不正确,将会导致启动失败或者系统报错。Buck 电源的启动也不例外。

在设计主板电源时,硬件设计工程师将根据主板的电压和功率要求,通过电源分配表格告知电源设计工程师时序要求,电源设计工程师按照主板硬件工程师的要求来定义电源的时序。PWM 控制器的时序控制是通过使能信号 Enable(简写为 EN)和 Power Good(简写为 PG)信号来完成的。Buck 电路使能如图 2.8 所示。

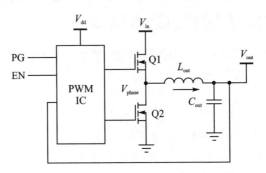

图 2.8 Buck 电路使能信号

图 2.8 中,在 PWM 控制器启动之前,V_{in} 先上电,然后 V_{dd} 上电,EN 信号将会通过 BIOS/CPLD 或者上一级 VR 的 PG 信号发出,当 V_{out} 达到目标值以后,PG 信号将会发出,通知下一级 VR 或者系统检测装置。

有些 VR 的开关管和控制器集成在一个封装里面,启动时序和上面一样,以 TI 公司的 TPS53355 为例,如图 2.9 所示。

图 2.9 中,引脚 EN 就是 TPS53355 的使能信号。Buck 电源的启动时序如下:V_{in} 先上电,然后 V_{DD} 上电,也可以 V_{DD} 和 V_{in} 同时上电,特别是大电流负载启动时,必须 V_{in} 先上电 V_{DD} 随后上电(这期间,EN 信号一直为低电平),当 V_{in} 和 V_{DD} 上电完毕以后,EN 信号才可以从低电平转到高电平,直到输出电压达到规格值以内,引脚

第2章 主板电源设计流程规范及功率预算

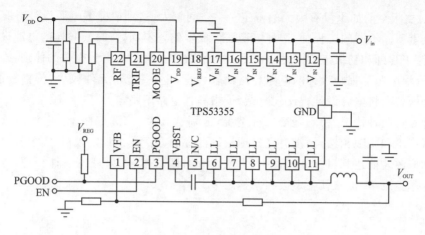

图2.9 TI公司的TPS53355

PGOOD(power good)信号才发给下一时序启动的VR,从而完成启动。

为什么V_{in}必须先上电呢?原因一是V_{in}上电比较慢,当V_{DD}信号和EN信号发出,将会导致PWM控制器开始工作,比如:要求12 V转换成5 V的电源设计中,V_{in}正常工作时为12 V,因为上电较慢,如果爬升到4 V时PWM控制器开始工作,那么输出5 V电压是不可能的。另外一个原因,V_{in}在上升过程中,电压一直爬升,不稳定,将会导致环路不稳定,严重时会导致上管烧毁。

有些供应商对自己的产品比较有信心,对时序没有要求,原因是内部有V_{in}和V_{DD}电压检测电路。当这两个电压没有达到目标值时,即使有EN信号,PWM控制器也不会工作。笔者认为,为了使环路性能稳定不出问题,最好按照图2.10的时序启动PWM控制器,以保证Buck电路工作稳定。

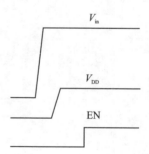

图2.10 VR时序波形图

2.7 主板电源性价比介绍

主板电源方案的选定很大程度上决定了主板的价格。因为主板其他器件如果是供应商直接供货,则价格基本都一样,所以DC/DC PWM控制器的选定以及输入/输出电感、输入/输出电容的选择将会决定主板的价格。因而业界有种说法:主板价格成也是电源,败也是电源。对于主板电源设计工程师而言,最重要的是选取性价比较高的电源设计方案。从目前市场上的情况来看,有两个方面决定电源的价格:

① 服务器主板空间有限,逼迫电源设计工程师采用集成度较高的电源设计方案。这种情况比较常见,原因在于主板尺寸太小,无法放置价格较低的电源设计方案元器件。

② 主板空间如果没有太大的限定——空间较大,这种情况下电源设计方案的选定尤其重要。不同的工程师,选择电源器件成本偏差不同,有时候同样的电源设计方案,资深工程师和初级工程师的电源设计水平就会在价格中得到充分的体现;一样的方案,资深电源工程师设计的电路环路比较稳定,电路精简,元件较少,价格较低,初级工程师就会将电源设计得比较复杂,价格高且电路不稳定。

针对这两种情况,特别是第二种情况,区别这么大,关键点在于:电源设计和调试是否理论和实践相结合,没有经过理论论证过的方案成本肯定较高,需要经过不断调试和修改才能达到目标,浪费了人力成本和时间成本,如果理论设计合理,方方面面都在掌控之中,价格就一定会在掌控之中。

第 3 章

Buck 电路基本理论

Buck 电路英文原意：猛然弯背跃起；强烈反抗，反对。经过意译，解释为降低，在电源设计中翻译为降压电路。从专业技术的角度来看，降压电路是指电压降低之意，在主板电路应用中，表现为低电压大电流输出，是能量转换的一种形式。当然，还有升压 Boost 电路、降压升压 Buck - Boost 电路等等，本书仅讲 Buck 电路。另外，从目前服务器主板 Buck 电源发展的趋势来看，很少使用分体组件进行 Buck 电源设计，其原因是服务器主板上面的元器件比较多，PCB 空间有限，Buck 电源通常都将 PWM 控制器、驱动器以及场效应管整合在一个封装中的方案进行设计，比如 TI 公司的 TPS5xxx 系列、IR 的 IR38xx 系列，都是这种设计结构，当然 PC 主板的电源方案由于成本的原因，大多还是使用分体组件进行设计。为了使读者容易理解，本书中的 Buck 电路原理以及调试都会以分体组件的 Buck 为例进行讲述。

3.1 基本原理

图 3.1 为 Buck 基本电路图。

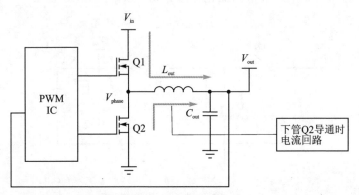

注：Q1 为上管；Q2 为下管，也称为续流管。

图 3.1 Buck 基本电路图

Buck 电路是一种降压电路，在主板电源设计中，大多表现为低电压大电流输出。Buck 电路结构简单，原理都较容易理解，但由于其输出电压低，电流大，因此给电源工程师增加了设计难度。许多从事多年设计的电源工程师口头都表现出对 Buck 电路的充分理解,但是在讲述 Buck 电路原理和设计要领时,大多只是一知半解,或者只能意会不能言传,说到底还是认识不深刻。

当 Q1 导通 Q2 关闭时,Buck 电路简化为图 3.2 所示电路。

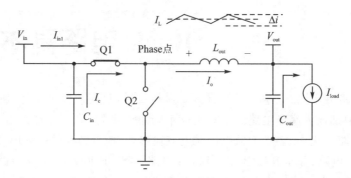

图 3.2　Q1 导通 Buck 电路简化图

图 3.2 中,电感 L_{out} 左边为正,右边为负,根据电感两端的电压公式:

$$\Delta V_1 = L \frac{\Delta i_1}{\Delta t_1}$$

其中

$$\Delta t_1 = T_{on} = DT, \quad \Delta V_1 = V_{in} - V_{out}$$

得出

$$\Delta i_1 = \frac{\Delta V_1}{L} \Delta t_1 = \frac{V_{in} - V_{out}}{L} T_{on}$$

当 Q1 关闭 Q2 导通时,Buck 电路简化为图 3.3 所示电路。

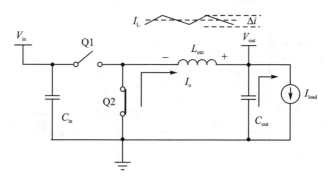

图 3.3　Q2 导通 Buck 电路简化图

图 3.3 中,电感 L_{out} 左边为负,右边为正,根据电感两端的电压公式:

$$\Delta V_2 = L \frac{\Delta i_2}{\Delta t_2}$$

其中

$$\Delta t_2 = T_{\text{off}} = (1-D)T, \quad \Delta V_2 = -V_{\text{out}}$$

得出

$$\Delta i_2 = \frac{\Delta V_2}{L}\Delta t_2 = \frac{-V_{\text{out}}}{L}T_{\text{off}} = \frac{-V_{\text{out}}}{L}(1-D)T$$

因电感电流不能突变,当 Q1 关闭 Q2 导通时,$\Delta i_1 = -\Delta i_2$,方向反向,得出

$$\frac{V_{\text{in}} - V_{\text{out}}}{L} \cdot DT = \frac{V_{\text{out}}}{L} \cdot (1-D)T$$

从而推导出

$$D = \frac{V_{\text{out}}}{V_{\text{in}}}$$

ΔV 为输出电感两端的电压差;Δi 为流经电感的交流电流(也称为纹波电流);T 为开关频率时间;D 为占空比。

Buck 电路各节点波形如图 3.4 所示。

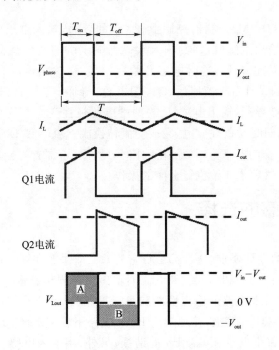

图 3.4 Buck 电路各节点波形

图 3.4 中,A 区的能量和 B 区的能量理论上相等,A 区是上管 Q1 开启、下管 Q2 关闭时电感存储的能量,$\Delta V_1 = V_{\text{in}} - V_{\text{out}}$,A 区为上管 Q1 导通的时间;B 区为上管 Q1 关闭、下管 Q2 开启时输出电感放出的能量,$\Delta V_2 = -V_{\text{out}}$,B 区为下管 Q2 导通的时间(即 Q1 关断的时间 T_{off})。根据幅秒平衡原理,$T_{\text{on}}\Delta V_1 = T_{\text{off}}\Delta V_2$,就可以推导出占空比 $D = V_{\text{out}}/V_{\text{in}}$。这种推导方法对于初学者理解有点困难,想掌握 Buck 电路设计要领,必须学会掌握原理性的推导,单靠记忆公式很容易忘记和混淆。

Buck 电路设计要领及注意事项如下：
① 动态性能测试和设计。
② 环路稳定性能评估和补偿电路调整。
③ 散热的处理。针对各个组件的散热要求，需要对下面主要的组件进行计算：
- 上管的损耗计算；
- 下管的损耗计算；
- 输入电容的计算；
- 输出电容的计算；
- 输入电感的计算；
- 输出电感的计算。

Buck 电路的转换包含直流转交流（DC/AC）和交流转直流（AC/DC）两个过程。PSU 给主板提供直流电压，接口为 20Pin/24Pin 连接器和 8Pin 连接器两种。转换过程说明如下：

Buck 电路脉宽（PWM）控制器控制上管 Q1 的导通，输入电压（V_{in}）通过输入电感（L_{in}）和 Q1，到达输出电感（L_{out}）的输入端；L_{out} 输入端的波形是交流方波，输出电感（L_{out}）两端极性为左正右负，这时电感开始存储能量，输出电压升高，当存储一定能量且输出电压达到设计目标值以后，Q1 关闭，Q2 导通，完成直流转换成交流（DC/AC）的过程；随后 Q2 导通，输出电感（L_{out}）两端电压极性变为左负右正，这时电感释放能量，输出电容也同时对负载放电，完成交流转换成直流（AC/DC）的过程。

从实际的 Buck 控制器来看，初始化工作时，脉冲调节器首先会启动 Q2 导通，放掉输出电感的能量，然后才开始执行上面的操作。

3.2 输入电感的选择

对于输入电感的设计要求，通常都是将它的滤波效果放在第一位来考虑，要求输入波动电压 $\Delta V = L\Delta I/\Delta T$ 和输入纹波电流不超出设计规格。输入电感和输入电容的摆放位置决定了 Buck 电路的稳定性能和可靠度，要求输入积层电容 MLCC 尽量靠近 Buck 电路上管 Q1 的漏极，接地端离 Buck 电路下管 Q2 的接地越近越好，以抵消 PCB 布局造成的寄生电感、电容引起的谐振；另外，当输入电感、电容的谐振频率与 Buck 电路的拉载频率接近时，也会造成电路振荡，这时输入电压的波动就会较大，电路稳定性能变差。

在输入滤波电路中，输入电感和输入电容的合理搭配可以减小场效应管 V_{ds} 的峰峰值，搭配不合理将会导致输入电压波动太大，使 Buck 电路的环路稳定性能变差。

在拉动态负载或者动态 VID 时，输入电感和上管 Q1 之间的电压会变得不稳定。其原因是：动态负载或者动态 VID 操作时，拉载的斜率较高，电流步进（Step）较大，输入电感对电流的变化有阻滞作用,导致输入电容和输入电感不能及时补给负载所需要的能量,造成输入电压下降过快,超出输入电压的最低规格,使 Buck 电路的环路稳定性能变差。

输入滤波电路应用中,高品质因数 Q 值的电感和电容极容易产生自激振荡现象,不利于消除电源中的干扰噪声,因此输入电感的 Q 值都要求比较低。输入电感的 Q 值计算公式如下:

$$Q = \frac{2\pi}{R} \cdot \sqrt{\frac{L}{C}}$$

式中,Q 是品质因数;L 是电感;R 是输入电感的直流等效电阻。

当电感量减小或者电感阻抗 R 加大时,Q 值将会降低,振铃的幅值将会减小,Buck 电路的 L、C 将不容易谐振,详细情况参考后面章节的介绍。

当电感两端的电压相位超前电流最大为 90°时,表现出来的是零点特征,表达公式如下(f_z 是零点频率,关于零极点的介绍参考后面的章节):

$$f_z = \frac{R}{2\pi L}$$

在服务器主板电源设计中,输入电感有两种类型:功率电感和磁珠 Bead。功率电感的电感量通常为 22~220 nH,额定电流需要根据输出功率来决定。从实际应用来看,选用小电感量的电感作为输入电感,滤波效果不太好,容易将 Buck 电路的脉宽调节器的开关噪声耦合到系统电源中(PSU 的输出端);但其优点是:反应速度快,谐振机会较小,能够满足负载拉载大斜率的要求;Bead 磁珠大多使用在主板小功率电源设计中,对高频信号有较好的滤波效果。PC 主板电源设计中,考虑成本的因素,部分 Buck 电路的输出没有使用输入电感,而是使用功率电阻替代,滤波稳压效果相对要差一点。

电磁理论比较抽象,不容易理解。下面对电感的作用以及设计参数的计算进行简单讲解,电感材质以及特性 3.5 节中再详细介绍。

输入电感的作用及目的:

① 抑制电源供应器输入的瞬间尖峰电流;

② 抑制后端脉宽调制器开关过程对主板或者 PSU 的 EMI 干扰,抑制其经过传导干扰前级回路。

由于输入端为电源供应器 PSU 的直流 DC,其交流 AC 影响因素较小,所以在电感的选择上没有严格的要求。

以 PWM 脉冲调变应用为例,下面举例说明电感量的计算。

基本参数:输入电压 V_{in} 为 12 V;输出电压 V_{out} 为 1.15 V;开关频率 f_{sw} 为 600 kHz;输出尖峰电流 I_{pk} 为 30 A。

通过公式:

$$I_{in\_PP} = \frac{P_{out}}{V_{in} \cdot Eff}$$

计算得出

$$I_{\text{in\_PP}} = \frac{30 \text{ A} \times 1.15 \text{ V}}{12 \text{ V} \times 80\%} = 3.6 \text{ A} \quad (\text{设 } \Delta I = I_{\text{pk}}/2)$$

电感的选择：

① 磁饱和电感量需达到电流抑制需求：输入的电压波形幅值规格 $V_{\text{p-p}}$ 为 0.3 V，通过公式

$$L = \frac{V_{\text{p-p}}}{2f_{\text{sw}} \cdot \Delta I}$$

计算最小的 $L = \dfrac{0.3 \text{ V}}{(2 \times 600 \text{ kHz}) \times 1.8 \text{ A}} = 0.14 \ \mu\text{H}$，可以选用标准的 0.15 μH。

② 电感饱和电流 I_{sat} 要求：实际使用和选择材料时，都会按照最大电流的 150% 来定义输出电感的饱和电流 I_{sat}。经验取值：电感的饱和电流 I_{sat} 应该大于 3.6 A×1.5＝5.4 A。

③ 温度要求：选用额定温度为 90 ℃ 以上的电感即可。

④ 磁路结构：因交流 AC 影响小，选择价格低的铁氧体磁芯来设计输出电感。

⑤ 空间尺寸大小和封装形式（需要考虑机构高度限制）。

3.3 输入电容的选择

输入电容主要有两个参数：额定纹波电流和串联等效阻抗 ESR。设计时，理论计算不能超出额定电压和额定纹波电流的大小，比较常见的应用方案有两种：

① 大容量 Bulk 电容和片式多层陶瓷电容器（MLCC）混合使用作为输入电容；

② 仅仅使用 MLCC 作为输入电容。输入电容和输入电感搭配使用，两者形成 LC 滤波器，滤波效果更加出色。

3.3.1 主板电源设计使用的电容

主板电源设计使用的电容共分为三类。

1. 铝电解电容

这类电容通常用作系统电容，是 PC 电源设计中比较常见的电容。由于这类电容使用寿命较短，服务器主板不会使用此类电容器。铝电解电容器是由阳极铝箔、电解纸、阴极铝箔、电解纸 4 层重叠卷绕而成，浸润电解液后，用铝壳和胶盖密闭起来构成一个电解电容器。在特性上，其单位体积所具有的电容量特别大，工作电压较低，特别适应电容器的小型化和大容量化，这就是铝电解电容的优点。铝电解电容器的缺点是：绝缘性较差，不耐高温，容易劣化，且无法长久保存等；质量差的铝电解电容容量通常只能保存 1～2 年。

2. 固态铝电解/钽电容

这类电容在服务器主板设计中应用广泛，通常使用的是 OS-CON 和 SP-CAP

两种。

(1) OS-CON 电容

OS-CON Cap 为 Aluminum Solid Capacitors with Organic Semiconductive Electrolyte Condenser 的英文简写,译为有机半导体铝固体电解电容器,由三洋公司率先发起,是用 TCNQ 复合盐以及导电高分子材料制成的。这类电容通常为桶状封装形式,特点如下:
- ESR 较小;
- 电容的电气特性受环境温度的影响较小;
- 可靠性高,寿命长。

OS-CON 电容的阻抗曲线如图 3.5 所示。

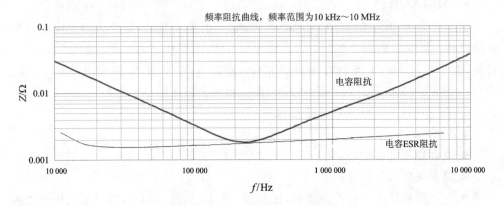

图 3.5 OS-CON 电容的阻抗曲线

图 3.5 中,电容的阻抗与频率有直接的关系,当动态信号频率达到其谐振频率 200~300 kHz 时,电容的阻抗最小,等于 ESR;当频率超过谐振频率以后,电容呈现感性负载。

(2) SP-Cap 电容

SP-Cap 为 Specialty Polymer Aluminum Electrolytic Capacitor 的英文简写,是一种以有机盐复合材料为介质的固态铝电解电容,其特点如下:
- ESR 比 OS-CON 电容的 ESR 更小;
- 可靠性更高,电气特性受温度影响非常小;
- 封装形式为 SMD。

SP-CAP 电容的阻抗曲线如图 3.6 所示(资料来源于 Panasonic 电容曲线)。

图 3.6 中,SP-Cap 在低频 200~400 kHz 时有较小的阻抗。

总体来讲,这两类固态电容品质都非常出色,但是价格非常高。工作频段都在 500 kHz 以内,通常 Buck 电路对电容容量的要求为:容量大,ESR 要小(才能满足动态负载的要求)。容量大,稳压效果就会好,ESR 越小,纹波电压就会越小,电容放电能力就会越强。

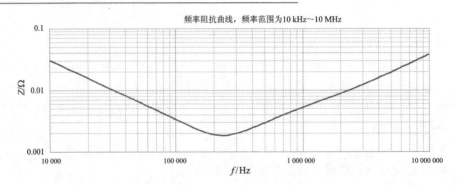

图 3.6 SP-Cap 电容的阻抗曲线

3. MLCC 电容

MLCC 为 Multi-Layer Ceramic Capacitors 的英文简写,是片式多层陶瓷电容器的简称。MLCC 电容是多颗电容并联的组合体,主要成分为陶瓷,按照温度特性、材质、生产工艺,MLCC 可以分成以下几种:X7R、X7S、X6R、X6S、X5R、X5S、Y5V、Z5U、NPO 及 COG 等。其中,NPO 和 COG 材料大都使用小容量的电容设计材料,比如 1 000 pF 以下。MLCC 的特点如下:

- ESR 小;
- 受环境温度影响小;
- 高频效应效果明显;
- 电压降额使用率有严格要求,比如 22 μF/16 V 的 MLCC,当应用电压为 12 V 时,容量只有一半不到,即 10 μF 以下,因此使用时要特别注意,需要供应商提供仿真软件进行仿真,计算实际工作电压下的容量。

MLCC 电容的阻抗曲线如图 3.7 所示(资料来源于 Panasonic 电容曲线)。

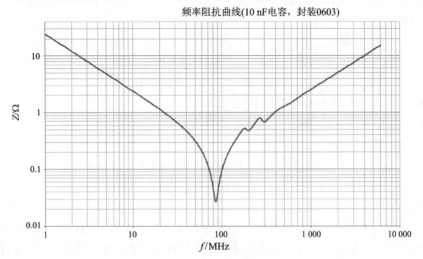

图 3.7 MLCC 电容的阻抗曲线

MLCC 在高频 1～2 MHz 时有较小的阻抗。MLCC 的动态响应频率通常为 1～2 MHz。

3.3.2 电容等效电路的微分结构

图 3.8 是电容器串联等效电路图,包括串联等效电阻、电容和寄生电感,当 ESL 和 C 谐振时,电容 C 的阻抗才会最小,这时的谐振频率为电容的特征频率,也就是电容的动态响应带宽。

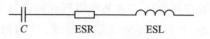

图 3.8 电容串联等效电路图

下面讲解输入电容的设计及要求。从实际应用来看,输入电容和输入电感的配合使用主要有两种状态。

(1) Bulk 和 MLCC 混合使用作为输入电容的电路

图 3.9 中,CE1 为系统 Bulk 电容,放置在输入电感之前,CE2 和 CE3 为输入 Bulk 电容,C_1、C_2、C_3 和 C_4 为输入 MLCC 电容,Q1 和 Q2 分别为 Buck 的上管和下管。有一种说法,如果 Bulk 电容和 MLCC 电容混合使用,当负载作动态 VID 或者动态拉载响应时,将会导致在某个频点谐振。针对这个观点,笔者进行过详细测试,发现问题没有这么严重;相反,这种配合能够使输入电压波动较小,环路更加稳定,特别是输出电压超过 2.5 V 时。

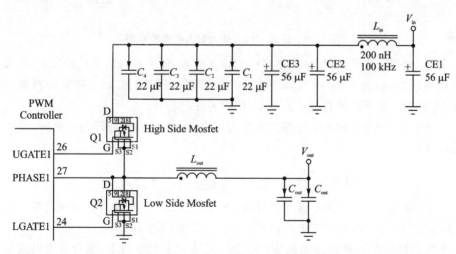

图 3.9 Bulk 和 MLCC 混合使用作为输入电容的电路

Bulk 电容最好放置在输入电感之后,缺点如下:需要数目较多的 Bulk 电容来稳压,成本相对较高。但是对于电源设计工程师来讲,省去了 PCB 布局的麻烦;只使用 MLCC 作为输入电容,对 PCB 布局有严格的要求,需要将 MLCC 电容靠近上管的漏极,以减小场效应管的 V_{ds}。在实际 PCB 布局中,由于空间的限制,做到这点比较困难。因此,在占空比超过40%的Buck电路中,建议Bulk和MLCC电容混合使用。

(2) 仅仅使用MLCC作为输入电容的电路

图3.10为仅仅使用MLCC作为输入电容的电路图。输入电容仅仅使用MLCC电容,除了成本上的优势以外,在技术方面并没有太大优势。其缺点为:MLCC必须放置在场效应管的漏极附近且越近越好,电容的接地引脚到下管的接地路径也要求最短,否则会导致场效应管的V_{ds}超出额定值,可靠性变差,同时增加了电源设计工程师及PCB布局工程师的劳动强度。

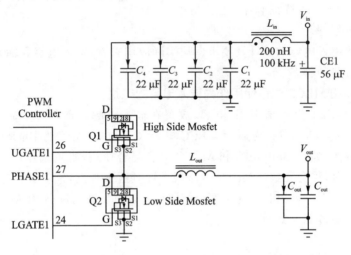

图3.10 使用MLCC作为输入电容的电路

从理论上讲,若只使用Bulk电容作为输入电容,似乎可以满足设计要求,实际上这也是不行的,因为Bulk电容频率响应较低,当负载作动态VID或者大斜率拉载时,输入电压将会下跌到远远超出规格,请读者注意!

针对上面的介绍,使用第一种方案作为研究的方向,对其进行理论推导,输入电容的计算公式如下:

$$C = \frac{I dt}{dV} = \frac{I_{in} T_{on}}{2[V_{p-p} - ESR(I_{out} - I_{in})]}$$

式中,I_{in}为输入电流;T_{on}为上管导通时间;输入电压Drop要求,V_{p-p}通常为输入电压的5%左右;ESR为所有输入电容的容抗值;I_{out}为输出电流。

上面的计算是一种纯理论推导,在EMI满足要求的条件下,尽量选用电感量大的电感作为输入功率电感,电感的饱和电流I_{sat}最小应该大于理论计算电流值的2倍以上,电路简化原理图如图3.11所示。

图3.11中各个测试点的波形如图3.12所示。

图3.12中,输入电容的电压纹波和噪声公式如下:

$$V_{in\_pp} = I_{in} R_{esr} + I_{in} \frac{D}{f_{sw} C} + I_{in} \frac{L_{esl}}{T_{edge}}$$

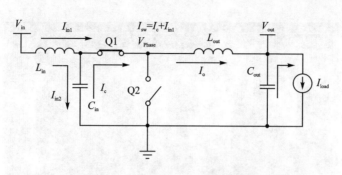

图 3.11 Buck 微分电路简化原理图

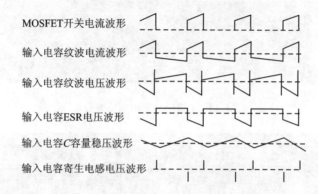

图 3.12 Buck 电路输入各元件测试点波形

式中，R_{esr} 为电容串联等效电阻；f_{sw} 为开关频率，L_{esl} 为电容寄生电感；T_{edge} 为开关开启时上升时间或者关闭时下降的时间。

输入电容的作用如下：

① 减少输入电压的扰动以及 PSU 的供电压力，当负载加载时对负载放电，及时稳定输入电压。

② 输入电容容量的大小决定开关管 V_{ds} 的峰峰值。大负载条件下，下管 Q2 的 V_{ds} 峰峰值比较大，如果 V_{ds} 超出规格，就会有烧毁场效应管的风险；相反，上管 Q1 的 V_{ds} 峰峰值通常比较小，如果输入电容的容量增大，下管 Q2 的 V_{ds} 就会降低（Q1 的 V_{ds} 会相应提高，但不会超出规格）；如果输入电容的容量不足，将会导致与上面相反的情况。当然，场效应管的 V_{ds} 峰峰值在动态 VID 操作时，还和输出电容的容量有关系，这方面的内容将会在后面的章节中详细讲解。

下面展示输入电容对 Buck 电路输入电压的影响：

① 输出电容：4 颗 22 μF/16 V 电容，输出电压波形如图 3.13 所示。

图 3.13 中，输入电压扰动的交流峰峰值为 1.184 V，超出规格。

② 输出电容：10 颗 22 μF/16 V 电容，输出电压波形如图 3.14 所示。

图 3.14 中，输入电压扰动的交流峰值为 216 mV，满足 PSU 规格。

第 3 章　Buck 电路基本理论

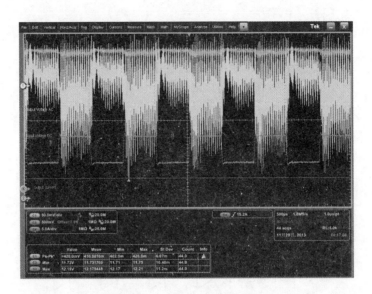

图 3.13　4 颗电容输出电压波形

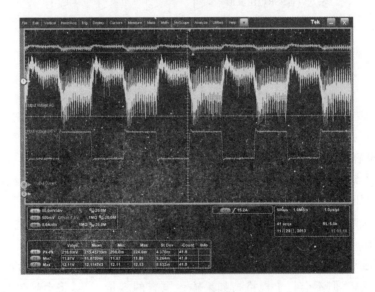

图 3.14　10 颗电容输出电压波形

上面的波形展示了电容的作用,输入电容越靠近场效应管的漏极且和大地回路路径越短越好。

下面列出部分电容厂商的电容寿命计算公式供读者参考。

Panasonic:

$$L_2 = L_1 \cdot 2^{\frac{T_0 - T_x}{10}}$$

NECHICON：

$$L_2 = L_1 \cdot 2^{\frac{T_0-T_x}{10}} \cdot 2^{-5\left(\frac{I_{use}}{I_{std}}\right)^2}$$

NIPPON CHEMI-CON：

$$L_2 = L_1 \cdot 2^{\frac{T_0-T_x}{10}} \cdot 2^{\frac{3-3\left(\frac{I_{use}}{I_{std}}\right)^2}{5}}$$

式中，T_0 为标准环境温度；T_x 为实际环境温度；L_1 为标准环境温度寿命；L_2 为计算寿命；I_{use} 为实际实用电流大小；I_{std} 为电容额定电流。

3.4 开关场效应管的选择

场效应管在 Buck 电路中主要起开关作用，频率范围为 300～700 kHz。部分小功率 Buck 电路的开关频率会在 1 MHz 左右。Buck 电路中的场效应管是直流转换成交流(DC/AC)以及交流转换成直流(AC/DC)的主要组件。在 Buck 电路中，场效应管起电子开关的作用，由于 Buck 电路驱动的限制，场效应管从截止到导通需要有一个过程，上升时间为 T_{rise}。在这段时间内，场效应管从截止状态进入短暂的放大状态，然后完全导通，造成了场效应管的开关损耗；同样的道理，在场效应管关闭时，Buck 电路的驱动需要吸收场效应管栅极的能量，在下降时间 T_{fall} 内，造成关闭损耗；当场效应管导通以后，由于场效应管有 R_{dson} 的存下，会造成导通损耗。因此，场效应管的损耗分为 3 种：开关损耗、驱动损耗和导通损耗。

在占空比 $D<50\%$ 时，上管的开关损耗大于导通损耗，而下管相反；在占空比 $D>50\%$ 时，上管导通损耗将会大于开关损耗，而下管相反。要认识场效应管，必须熟悉其微分结构。

1. 场效应管的微分结构

图 3.15 中，左图为测试电路，右图为寄生参数示意图。

影响场效应管开关速度的因素：寄生电容和寄生电阻。场效应管的寄生电容包括 C_{gd}、C_{gs} 和 C_{ds}。寄生输入电容 $C_{in}=C_{gd}+C_{gs}$，寄生输出电容 $C_{oss}=C_{ds}$。Q_g 是场效应管栅极驱动使用的电荷量，Q_{gd} 是场效应管在导通过程中需要的电荷量。Q_g 是场效应管的驱动器在启动过程中需要供应的电荷量，是驱动要求的一种表现；Q_{gd} 是场效应管在即将导通时由于源极电压上升，栅极需要额外增加的驱动电荷量。

为了分析方便，使用电荷量 Q 来进行评估，公式如下：

$$Q = CV = It$$

式中，I 是电容充电的电流；t 是完成充电的时间。

2. Buck 电路中场效应管的微分原理结构

Buck 电路中场效应管的微分原理结构如图 3.16 所示。

第 3 章 Buck 电路基本理论

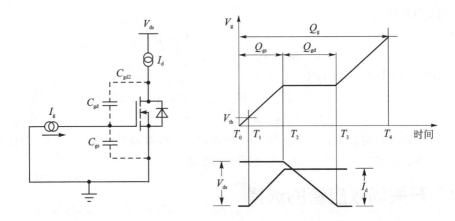

图 3.15 场效应管微分结构图

图 3.16 中，开关管的开关速度和寄生电容有直接关系。

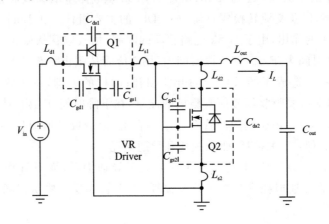

图 3.16 Buck 电路中场效应管的微分原理结构

3. 电流、电压波形

Buck 电路 Q1 和 Q2 在导通过程中的电流、电压波形如图 3.17 所示。

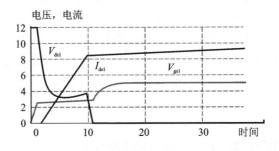

图 3.17 Buck 电路 Q1 和 Q2 在导通过程中的电流、电压波形

对于 Buck 电路中场效应管的损耗,上管和下管是有差异的。上管的损耗分布在开关管开启和关断时刻,关断时的损耗占主要部分;其次是开关管开启时刻的损耗,由于开关管导通时呈现零电压大电流状态,导通损耗比重自然很小。另外,在主板电源设计中,输出都是小电压大电流,占空比较小,导通时间短,损耗自然要小。但是下管情况不同,因为其导通时间比较长,其开关损耗比重较小,导通损耗比重较大。

4. Q1 导通损耗

$$P_{\text{cond\_Q1}} = D\left(I_L^2 + \frac{\Delta I_L^2}{12}\right)R_{\text{ds on1}}$$

式中,I_L 为输出 TDC 电流;ΔI_L 为输出电感纹波电流;$R_{\text{ds on1}}$ 为 Q1 的导通直流阻抗。

5. Q1 开关损耗

$$P_{\text{sw}} = \frac{1}{2}\left(I_{\text{out}} + \frac{1}{2}I_{L\text{ripple}}\right)V_{\text{in}}t_f f_{\text{sw}} + \frac{1}{2}\left(I_{\text{out}} - \frac{1}{2}I_{L\text{ripple}}\right)V_{\text{in}}t_r f_{\text{sw}}$$

化简为

$$P_{\text{sw}} = \frac{1}{2}V_{\text{in}}I_{\text{out}}(t_f + t_r)f_{\text{sw}} + \frac{1}{4}V_{\text{in}}I_{L\text{ripple}}(t_f - t_r)f_{\text{sw}}$$

式中,I_{out} 为输出电流;$I_{L\text{ripple}}$ 为输出电感纹波电流,等于 ΔI_L;f_{sw} 为开关频率;t_r 为场效应管开启时的上升时间;t_f 为场效应管关闭时的下降时间;V_{in} 为输入电压。

6. Q1 驱动损耗

$$P_{\text{UMOS\_QRR}} = Q_{\text{RR}} \cdot V_{\text{ds}} \cdot f_{\text{sw}}$$

式中,Q_{RR} 为场效应管的输出寄生电容所需要的电荷;V_{ds} 为场效应管的漏极和源极电压差。

7. Q2 导通损耗

$$P_{\text{cond\_Q2}} = (1-D)\left(I_L^2 + \frac{\Delta I_L^2}{12}\right)R_{\text{ds on2}}$$

式中,$R_{\text{ds on2}}$ 为 Q2 的导通直流阻抗。

8. Q2 开关损耗

$$P_{\text{sw}} = \frac{1}{2}I_{\text{out}}V_f(t_f + t_r)f_{\text{sw}} + \frac{1}{4}I_{L\text{ripple}}V_f(t_f - t_r)f_{\text{sw}}$$

式中,V_f 为寄生 Body Diode 正向压降。

9. Q2 寄生二极管损耗

$$P_{\text{cond\_BD}} = V_D I_{L\text{peak}}^2 T_{\text{dead1}} f_{\text{sw}} + V_D I_{L\text{valley}}^2 T_{\text{dead2}} f_{\text{sw}}$$

式中,V_D 为寄生 Body Diode 正向压降,等于 V_f;T_{dead1} 为上管关闭下管开启时的死区时间;T_{dead2} 为上管开启下管关闭时的死区时间。

10. Q2 栅极驱动损耗

$$P_{\text{LFET\_Driver}} = Q_{\text{G\_LMOS}} V_{\text{GS\_LMOS}} f_{\text{sw}}$$

式中，$Q_{\text{G\_LMOS}}$ 为场效应管栅极驱动电荷。

11. 场效应管的计算

下管由于导通的占空比较大，损耗以导通损耗为主，其次是关断时刻的寄生二极管损耗，以及振铃和驱动损耗。开关场效应管的计算主要有三个参数：V_{ds}、I_{d} 和功率损耗。

$R_{\text{ds on}}$ 和结电容参数很重要。这两个参数与散热、温升有较大的关系，如果功率损耗和散热能够满足要求，这两个参数也就没有问题。

另外，场效应管的 Q_{g} 对开关速度有较大的影响，Q_{g} 与 $R_{\text{ds on}}$ 是成反比的。同一供应商同一系列的场效应管，$R_{\text{ds on}} Q_{\text{g}}$ 乘积是一个定值。各个场效应管厂家都努力将 $R_{\text{ds on}} Q_{\text{g}}$ 设计得最小，设计意愿和方向是好的，其实没有必要太追求这两个参数。电路设计时，会将下管的 $R_{\text{ds on}}$ 的余量放得很大，是出于功率损耗和散热方面的设计要求和限制来考虑的；因此不管场效应管的 $R_{\text{ds on}}$ 多小，如果散热和功率损耗超出规格，都会导致设计失败。原因是场效应管损耗和驱动的能力有很大的关系。即使场效应管的 $R_{\text{ds on}}$ 再小，如果驱动能力不足，场效应管损耗也会增加。通常场效应管对驱动的要求都是用驱动电流来衡量的，原因是需要电流对结电容进行充电，驱动电流越大，充电时间越短，开关损耗将会越小。

有一个观点和大家分享一下：许多书上都讲到了场效应管的驱动是靠电压来驱动的。讲的是在低速模式下，或者简单的开关控制电路应用中，其开关频率不会超过 100 kHz。实际在主板电源设计中，开关频率都在 300 kHz 以上。这时场效应管的寄生电容对驱动的要求不仅仅是电压的要求了，要使场效应管快速开启，驱动器必须能够瞬间供应足够的电流才能满足场效应管驱动的要求，因此对于场效应管的驱动不能简单地认为是电压控制型。

读者在参考场效应管额规格书时，会看到有一个台阶 Q_{gd}，如图 3.18 中 $T_2 \sim T_3$ 时间段的虚线框平台。原因是：当场效应管在导通时源极的电压会增加。C_{gd} 放电，由于驱动器提供的能力有限，导致 V_{gs} 绝对电压减少，从而使导通过程有一个平台。

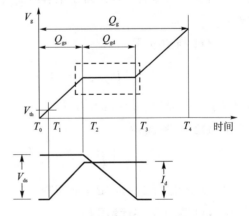

图 3.18 MOSFET 微分参数对应图

场效应管在做开关动作时，特别是 $R_{\text{ds on}}$ 较小的场效应管，开启和关闭时应力较大,要求驱动器的驱动能力要很强。因此,场效应管在做普通开关时,由于 C_{gd} 的放电效应,一定要考虑栅极电阻的阻值的定义,如果设计不合理,将会出现开关振荡,导致冲击电流较大。

另外,需要注意场效应管瞬间脉冲电压。从失效报告来分析,大部分场效应管的烧毁都是由于 V_{ds} 电压过高造成的,电流过大烧毁的情况比较少见。因此,场效应管的 V_{ds} 波形测试是重点,轻载时下管 V_{ds} 波形参考图 3.19,$V_{ds}=13.8$ V。

重载时下管 V_{ds} 波形参考图 3.20,$V_{ds}=19.6$ V。

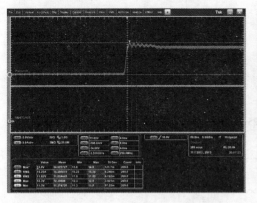

图 3.19 轻载时场效应管 V_{ds} 波形

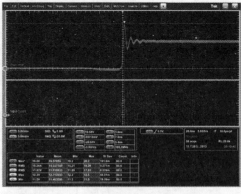

图 3.20 重载时场效应管 V_{ds} 波形

大多数主板使用的场效应管 V_{ds} 规格为 30 V,也有部分主板场效应管的 V_{ds} 为 25 V 甚至 23 V,设计时需要按照客户的使用率(De-rating guideline)规格进行降额设计。IBM 规范:使用率为 80% 以下是完全可以满足规格要求的(24 V 以下),使用率为 80%~90% 是需要协商接受的(24~27 V),90% 以上是不容许的(27 V 以上)。

脉宽调节控制器的状态对场效应管的波形有较大的影响,Q1 关闭较快或者 Q2 关闭较慢都会对 Phase 点有较大的影响。

图 3.21 中,Q1 关闭太迟,导致电感电流出现负电流,Phase 点电压有正电压异常。

图 3.22 中,Q1 关闭太早,导致电感电流出现正电流,Phase 点电压有负电压异常。

12. 场效应管 SOA 定义

场效应管的 SOA 是 Safe Operating Area 的缩写,翻译为安全操作区域,由 I_d、V_{ds} 及持续的时间 T 关联,评估场效应管的 SOA 裕度,需要根据供应商提供的 SOA 曲线来进行参考和分析,场效应管的 SOA 曲线如图 3.23 所示。在场效应管数据手册中有描述。

第 3 章　Buck 电路基本理论

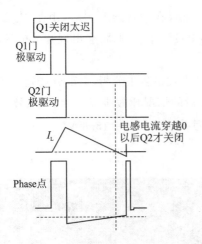

图 3.21　Buck 电路 Q1 关闭太迟各节点波形

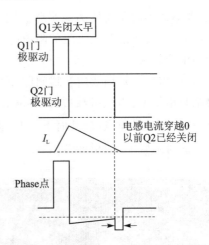

图 3.22　Buck 电路 Q1 关闭太早各节点波形

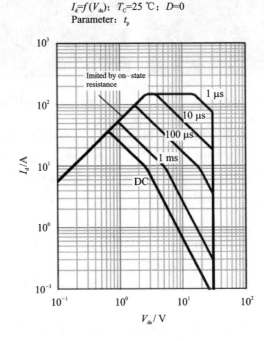

注：资料来源于 INFINEON_BSZ0909NS_DS 规格书。

图 3.23　场效应管 SOA 曲线

首先需要实测场效应管的 I_d、V_{ds} 和持续时间 T_d。图 3.24 中，曲线①，$I_{d1}=18$ A；曲线②，$V_{ds1}=8.5$ V；曲线③，$V_{gs}=V_{th}$，持续时间为 $T_1=62$ μs。

需要将测试参数导入到实际场效应管规格书中的 SOA 曲线中，如图 3.25 所示。

图 3.25 中，先找到 $V_{ds0}=8.5$ V 的横轴，再找到 $I_{d1}=18$ A 的纵轴，找到最近的

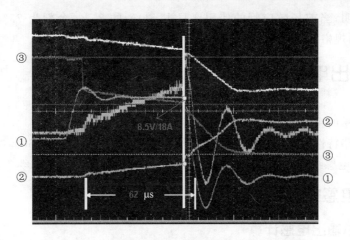

图 3.24　实际测量场效应管电流电压以及时间波形

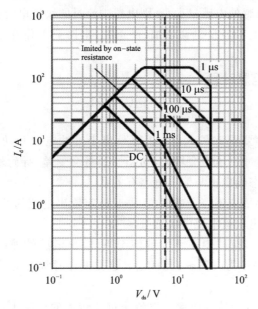

图 3.25　将实际测量参数导入场效应管 SOA 曲线中

时间曲线为 $T_0=100~\mu s$，同时找到 $V_{ds}=8.5~V$ 的对应电流点为 $I_{d0}=22~A$。

计算公式如下：

$$S=\frac{T_1 I_{d1} V_{ds1}}{2 T_0 I_{d0} V_{ds}} E_{soa}$$

得出：$S=\dfrac{62~\mu s \times 18~A \times 8.5~V}{2 \times 100~\mu s \times 22~A \times 8.5~V} E_{soa}=25\% E_{soa}$。

由此说明,当前场效应管的使用率只占 SOA 的 25%,余额为 75%,没有超出 MOSFET 的规格。

3.5 输出电感的选择

输出电感的主要参数包括饱和电流值、电感量和 DCR 等。

根据电路特性设定,电感纹波电流为输出 TDC 电流的 20%～60%(动态要求高的 VR,输出电感纹波电流为 40%～60%,小功率输出 VR 定义为 20%～30% 即可)。

3.5.1 电感的计算

1. 最小输出电感计算

$$L \geqslant \frac{V_O}{4\Delta I_L f_{sw}}$$

为什么输出电感要限定最小值?最主要的原因是纹波电流与输出电感的电感量成反比。如果输出电感的电感量太小,则电感中流过的纹波电流就会增加,输出纹波也会相应增加,输出电容容量也会增加,严重时,电路会工作在断续模式,效率会减小,损耗增加。

2. 最大输出电感计算

$$L \leqslant \frac{2\Delta V_O V_O C_O}{\Delta I_L^2}$$

为什么输出电感要限定最大值?主要是出于过冲电压和动态响应的要求来考虑,输出电感太大,过冲电压将会增大,动态波形将会变差,导致输出电压超出规格。当然,过冲电压和动态响应也与输出电容有关系。

输出电感的电感量应该综合考虑,首先要设定输出电感的纹波大小以及输出电容容量大小,才能得出输出电感的电感量,如下:

① 负载要求不高,拉载斜率不大的情况下,输出电感纹波电流定义为(20%～30%)I_{tdc},纹波电压 ΔV 为(3%～5%)V_{out}。这类设计通常应用在主板电源的小功率 VR 设计中。

② 负载要求比较高,拉载斜率和电流步进比较大的情况下,输出电感纹波电流定义为(40%～60%)I_{tdc},纹波电压 ΔV 为(1%～3%)V_{out}。这类设计通常应用在 MB 电源的 CPU & RAM 的 VRM 设计中。Intel 构架 PCH 或者 AMD 的南北桥的电源设计也是按照这个要求来计算的。

为什么要这样应用呢?原因是输出电感和 Buck 的环路带宽有较大关系。当拉载斜率和拉载电流步进比较大时,如果输出电感太大将会造成环路带宽小,CPU & RAM 的动态就会比较差,会超出 Intel 或者 AMD 的规格要求。

计算出电感量后,再来决定电感的直流阻抗 DCR 和饱和电流 I_{sat}。理论上会将

饱和电流 I_{sat} 设定在 $2I_{tdc}$ 之上，如果没有合适的电感，I_{sat} 最少要保证在 $2I_{tdc}$ 以上。直流阻抗 DCR 的定义通常是根据电感的损耗来决定的，可以通过输出电感损耗计算工具或者电感规格书中的计算公式来计算，电感损耗的设计经验值不要超过 1 W，裕度最好为(0.6～0.8)Ploss。

3.5.2 选择评估

① 磁饱和感量需达到电流抑制需求；
② 电感直流阻抗 DCR 值对电流反馈检测的影响；
③ 磁路结构：因交流 AC 影响大的关系，选择价格高的开磁路，目前市场上主流都使用铁氧体材质设计；
④ 可置空间尺寸大小和封装形式（推荐使用 SMD 电感）。

关于输出电感，需要对电感材料和参数进行必要的探讨和说明。电感的难点在于对电磁的理解，这个概念比较抽象，需要从实际设计中慢慢积累经验。

3.5.3 输出电感的材料

输出电感磁芯的材料主要有结晶材料和非结晶材料两种，而主板电感主要使用结晶材料。结晶材料包括下面三种：
① 结芯片式材料：包含硅钢片、镍钢片等样式材料。
② 结晶粉末材料：包含 Iron Powder、MPP 等成分，有代表性的是 Iron powder。
③ 晶格缺陷结晶材料：包含 Ferrite、Mn－Zn、Ni－Zn、Mg－Zn 等，有代表性的是 Ferrite，也就是通常所说的铁氧体。

1. 结晶粉末 Iron Powder 材质

将带有软磁性能的粉末，先进行粉末绝缘作业后，以高压成型的方式将铁芯成型。成型后不进行高温烧结，而是以烘烤或高温退火的方式完成成品。

使用大功率磁芯时，软磁粉末颗粒间的绝缘层受热劣化后，涡流损耗会随之增加，导致铁芯温度再升高，使绝缘层进一步被破坏而进入加速老化的恶性循环，最终导致铁芯烧毁，也就是热老化的现象。

2. 铁氧体 Ferrite 材质

将氧化铁粉末先进行添加其他共烧金属的预调作业后，以均压成型的方式将铁芯成型。成型后高温烧结，烧结过程中透过长晶的过程达到目标软磁特性。

使用铁氧体磁芯时，由于材质的居里温度较低，当温度升高到接近居里温度时，电感会明显出现饱和现象，也就是热饱和现象。

优点：铁氧体具有高磁导率，保证变压器高的激磁电感。磁导率随磁通密度相对常数，同时有各种铁氧体材料可以在不同频带获得最小损耗。通常将磁芯开气隙，以控制铁氧体有效磁导率。

缺点：铁氧体有热饱和问题。

3.5.4 名词术语

1. 饱　和

所谓磁芯饱和，从理论上来讲，是指磁材料内部磁畴全部指向外磁场方向；从外部特性说，是磁芯的磁场强度增加到某一数值时，相对磁导率从很大值降低到 1 所对应的磁通密度称为饱和磁通密度 B_s。饱和以后，电感量迅速下降，在 Buck 电路中可能引起电流过大而损坏功率器件。

2. 居里温度 T_j

如果磁芯材料工作温度超过某个温度以后，磁芯将失去磁性，并且不可恢复地失去磁导率，这个温度称为居里温度。

3. 损　耗

在磁芯中，有磁通变化，就有损耗。磁损耗主要分为三种：磁滞损耗、涡流损耗和剩余损耗。磁损耗与磁芯工作频率 f、磁通密度摆幅 ΔB 和温度有关，特别是在高频，单位体积（或重量）损耗与 f 和 ΔB 成指数关系，损耗将引起磁芯发热，使其温度升高。

4. 直流阻抗 DCR

电感在非交流电压下测得的阻抗，其阻抗越小越好，而直流阻抗 DCR 的大小直接影响电感的功率损耗和温升，单位以 Ω 或 mΩ 表示。

3.6 输出电容的选择

在 3.3 节中已经详细介绍了电容的种类及特性，本节重点讲解输出电容的计算及负载特性。

输出电容的计算比较复杂，除了静态输出纹波和输出电压要求在规格范围内以外，动态 VID 对输出电容的要求也非常严格，输出电容对动态反应及环路稳定都有较大的影响。输出电容容量大，串联等效电阻小，可以使输出动态电压满足在设计规范之内，但是如果输出电容容量太大，那么将会造成带宽减小，动态时峰峰值增加，系统反应变慢。

输出电容的计算，通过两部分来分析，分别为电容容量和串联等效电阻。

① 电容容量的影响：

$$\Delta V_{out} = \frac{\Delta I_L^2 L}{2 V_{out} C_{out}}$$

得出电容的容量计算公式如下：

$$C_{\text{out}} = \frac{\Delta I_L^2 L}{2V_{\text{out}} \Delta V_{\text{out}}}$$

② ESR 的影响:

$$\Delta V_1 = \text{ESR} \cdot \Delta I_L$$

综合考虑,寄生电感的影响,计算公式如下:

$$V_{\text{out\_pp}} = \Delta I_L R_{\text{esr}} + \frac{V_{\text{in}} L_{\text{esl}}}{L} + \frac{\Delta I_L}{8 f_{\text{sw}} C_{\text{out}}}$$

式中,R_{esr} 为电容串联等效电阻;f_{sw} 为开关频率;L_{esl} 为电容寄生电感;ΔI_L 为输出电感纹波电流。

输出纹波的计算是这两个量的总成。电容容量的计算首先需要考虑纹波要求,得出电容容量后再考虑 ESR 值;ESR 对纹波的影响较大,是重点需要考虑的参数,一旦 ESR 确定纹波也就确定了。

电容吸收纹波的能力和谐振频率有关,当电容谐振时,电容呈现阻性,此时 ESR 占主导,纹波就会最小;在谐振之前,电容呈现容性,Buck 电路纹波的计算是上面公式的总成:

$$V_{\text{ripple}} = \Delta V_{\text{out}} + \Delta V_1$$

在轻载时,Buck 电路通过输出电感对输出电容充电;在重载时,输出电感和输出电容对负载放电,以补充 Buck 电路的供电能力,使输出电压更加稳定。

理论上,输出过冲电压和输出电容成反比,公式如下:

$$V_{\text{over}} = \frac{L I_{\text{step}}^2}{2 C_{\text{out}} V_{\text{out}}}$$

式中,I_{step} 是拉载电流步长;L 是输出电感。

在动态负载条件下,输出电容的参数影响波形如图 3.26 所示。

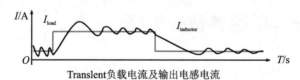

图 3.26 输出电容动态波形

图 3.26 中,寄生电感为 ESL 的影响:电感对电流的瞬变比较敏感,寄生电感造成的压降为 $V_{\text{drop}} = L_{\text{esl}} \mathrm{d}i/\mathrm{d}t$;其次是 ESR 的压降;再次是电容容量的影响。

第3章 Buck 电路基本理论

当负载从 VR 输出抽取电流时,如果输出电容容量不足,瞬态时 VR 放电的能量不能满足负载的要求,这时输出电容将会对负载放电,输出电压下降的幅值和 VR 的控制类型、输出电容的容量有关系。如果 VR 的反应速度较快,则输出的电容容量可以减少。从目前各个供货商的脉宽调节 PWM 控制器来看,Volterra 公司和 TI 公司的 PWM 控制反应比较快,输出只需要放 MLCC 电容就可以满足设计要求了;Intersil 的电源方案有 APA 功能,能够在重载时多相同时启动供电。总体上来说,各家电源方案都有自己的特点,都能克服自身的缺点来满足 Intel/AMD CPU 的规格要求。输出电容的放电图如图 3.27 所示。

图 3.27 输出电容、电感电流能量波形

如图 3.27 中,曲线①是输出电感的放电电流曲线,曲线②为输出电容的放电电流曲线。当输出电感电流斜率大时,负载对输出电容放电能量就会要求少,输出电容数量可以减少,因此,输出电感的电感量与输出电容容量有直接的关系。

TI 公司的电源方案使用的是 D-Cap 模式,因此对图 3.27 灰色部分有较高要求,要求灰色区域面积要适当大一些,TI 的控制器才能检测到输出电压的变化。在 D-Cap2 模式中,要求输出纹波电压最低为 15 mV。TI 的电源方案对输出电容的数量都有严格的要求,需要参考数据手册进行设计。

3.7 RC 缓冲网络参数的选择

主板电源设计和调试中,振铃现象时有发生,需要使用缓冲电路来消除或者减小这些振铃的幅值,专业术语称为缓冲电路。在 Buck 电路中,上管和下管由于存在引线寄生电感和寄生的输出电容 C_{oss},形成 LC 谐振,使得场效应管的 V_{ds} 幅值超出耐压值,导致场效应管烧毁,波形如图 3.28 所示。

图 3.28 中,场效应管的峰值为 21.4 V,场效应管的 V_{ds} 规格为 23 V。读者可自行参考 IBM 标准: Derating Guideline Spec PN_97P3214 EC_L36027。下面为资料中的节选:

Component Type	Parameter	Acceptable	Questionable	Unacceptable
FET<400 V	VDSS	<80%	80%~90%	>90%
FET>400 V	VDSS	<90%	90%~100%	>100%

第 3 章 Buck 电路基本理论

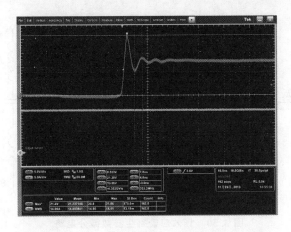

图 3.28 Buck 电路轻载时场效应管 V_{ds} 的波形

降额使用后,规格电压为 $80\% \times 23\ V = 18.4\ V$,实际测试的 V_{ds} 为 21.4 V,远远超出规格。表格中可以协商的 V_{ds} 为 $90\% \times 23\ V = 20.7\ V$,也就是说,场效应管的 V_{ds} 一定不能超过 20.7 V,如果超出这个规格,场效应管就有可能会烧毁。

电路如图 3.29 所示,虚线框 RC 组件为缓冲电路。

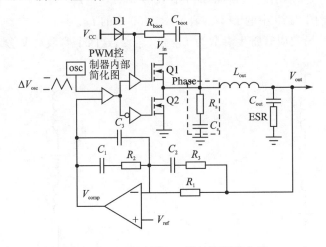

图 3.29 Buck 电路 RC 缓冲网络带电路

图 3.29 中,虚线框中的组件 R_s 和 C_s 专业术语称为缓冲 RC 网络,主要作用是迟滞 Buck 电路的相位,使振铃的频率降低,下面详细讲解场效应管的 PCB 布局寄生参数。

场效应管的寄生参数结构如图 3.30 所示。

从图 3.30 的微分结构得出,当 Q1 和 Q2 导通或者截止时将会有寄生的 L_d 和 C_{oss} 产生 LC 谐振,谐振频率为

$$f_j = \frac{1}{2\pi \sqrt{(L_d + L_s)C_{oss}}}$$

第 3 章 Buck 电路基本理论

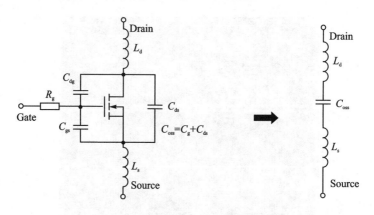

图 3.30 场效应管寄生参数微分电路

上管 Q1 和下管 Q2 的寄生参数微分结构如图 3.31 和图 3.21 所示。

① Q1 打开 Q2 关闭等效电路如图 3.31 所示，$L_{Q1}=L_{d1}+L_{s1}$。

注：L_{d1} 表示图 3.30 中的 L_d，L_{s1} 表示图 3.30 中的 L_s。

图 3.31 中，场效应管寄生参数为 L_{Q2} 和 C_{Q2coss}，这两个参数对 V_{ds} 影响较大。

② Q1 关闭 Q2 打开等效电路如图 3.32 所示，$L_{Q2}=L_{d2}+L_{s2}$。

注：L_{d2} 表示图 3.30 中的 L_d，L_{s2} 表示图 3.30 中的 L_s。

图 3.32 中，场效应管寄生参数为 L_{Q1} 和 C_{Q1coss}，这两个参数对 V_{ds} 影响较大。

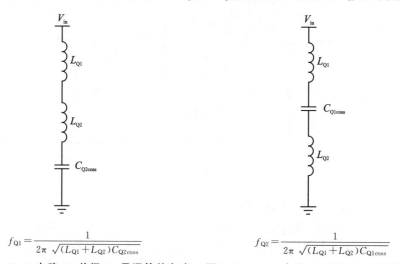

图 3.31 Buck 电路 Q2 关闭 Q1 导通等效电路　图 3.32 Buck 电路 Q1 关闭 Q2 导通等效电路

缓冲电路 Snubber RC 的计算：

步骤 1　寄生电感的计算。在没有缓冲 RC 网络的情况下用示波器测试振铃的 f_{j1}，C_{oss} 可以从场效应管规格书中得到，从而计算出电路中的寄生电感 L_Q，计算公式如下：

$$L_Q = L_{Q1} + L_{Q2} = \frac{1}{(2\pi)^2 f_{j1}^2 C_{Q2coss}}$$

步骤 2　插入 C_s 以后,再次用示波器测试振铃的频率 f_{j2},使 $f_{j2} = \frac{1}{3} f_{j1}$,得出电感阻抗 Z_L 为

$$Z_L = 2\pi \cdot f_{j2} L_Q$$

R_s 的最大阻抗是 Z 的两倍左右:

$$R_s = 2Z_L$$

要求 C_s 最大不能超出场效应管的 C_{oss} 的 2 倍。

步骤 3　计算 R_s 的功率。

最小功率为

$$P_{min} = IR_s = (2f_{sw}Q_C)^2 R_s = 4f_{sw}^2 C_s^2 V_C^2 R_s$$

最大功率为

$$P_{max} = 2 \times 0.5 CV_{spike}^2 f_{sw} = CV_{spike}^2 f_{sw}$$

式中,f_{sw} 为 Buck 电路的开关频率;V_{spike} 为 phase 点的振铃的最大峰值;V_C 为 C_s 的电压。

增加缓冲 RC 网络来消除振铃的幅值,并不是一个很好的方法,最佳的方案是优化 PCB 布局,以降低寄生电感的感量。增加缓冲 RC 网络对 VR 的效率有一定的影响,空载时的待机功耗会增加,缓冲电路对效率的影响随着 RC 的加重影响明显,一般会有 0.1%~1% 的影响,如果峰值电压 V_{ds} 不超出场效应管最高规格,可以去掉缓冲 RC 组件。理论上,Q1 管的 V_{ds} 的尖峰值要比 Q2 管的 V_{ds} 要低。Q1 导通 Q2 关闭时的状态:曲线①为 Q1 管的 V_{ds},曲线②为 Q2 管的 V_{ds},如图 3.33 所示。

Q2 管的 V_{ds} 的峰值如图 3.34 所示。

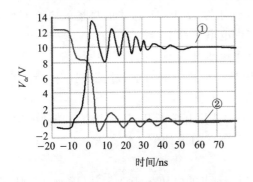

图 3.33　场效应管开关瞬间 Q1 的电压波形

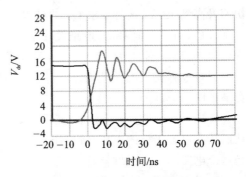

图 3.34　场效应管开关瞬间 Q2 的电压波形

图 3.34 中,Q2 管的 V_{ds} 的峰值要比 Q1 管高,原因如下:

① 输入电容容量太小;

② 输入电容数量太少,ESR 太大;
③ PCB 布局没有将电容回路路径做到最短;
④ 输出电容太多,导致负载轻载时对输出电感形成升压 Boost 电路效应。

3.8 RC V_{boot} 的选择

影响场效应管 V_{ds} 幅值大小的还有另外一个网络参数：场效应管的驱动器的 R_{boot}、C_{boot} 和二极管 D1,如图 3.35 所示。

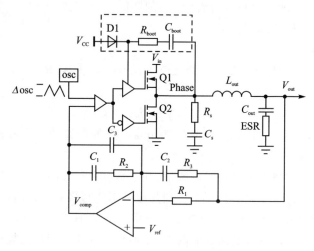

图 3.35 Buck 电路 boot RC 电路

图 3.35 中,R_{boot} 和 C_{boot} 的作用是给上管的驱动器提供供电电压,Q1 开启的首要条件是 V_{gs} 必须大于场效应管的门槛电压 V_{th},上管 Q1 开启过程中,源极的电压将会快速升高到 12 V,这时要求 Q1 的栅极电压最低为 12 V+V_{th},才能将场效应管 Q1 正常开启,而在主板 Buck 电路设计中,所有供电电压都不会超过 12.6 V(按照 PSU 规格要求,12 V 输出为 12 V±0.6 V),用这个电压开启场效应管几乎不可能。

通过电容充放电原理来设计 V_{boot} 的电压是一种科学的方法,过去的教材中称为自举电路。原理如下:

首先,V_{cc} 对 C_{boot} 进行充电,然后将 C 的负端使用开关断开,升高电容负端的电压从而抬高电容正极的电压,将电压自举到一个合理的设计值。C_{boot}、R_{boot} 以及 D1 就是这个电路的关键组件。

Buck 电路启动时,场效应管 Q2 导通,Phase 点的电压等于 0,V_{cc} 电压通过肖特基二极管 D1,R_{boot} 对 C_{boot} 进行充电,信号流程如图 3.36 所示。

C_{boot} 上的充电电压 $V_C = V_{cc} - V_{D1}$,肖特基二极管正向压降为 0.2～0.6 V(负载电路不同压降也不同,二极管特性：负载电流越大,正向压降就会越大),由于充电电流为 0.1 A 以下,定义 $V_{D1} = 0.5$ V,$V_{cc} = 5$ V,得到 $V_C = (5-0.5)$ V$=4.5$ V。

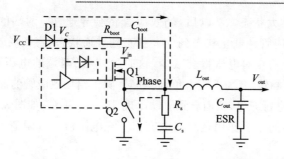

图 3.36　Buck 电路 boot 电压充电信号流程

Buck 电路在 Q2 导通以后，对 C_{boot} 完成充电操作，Q2 关闭，完成初始化充电动作，这时才开始真正进入 DC/DC 的脉冲调制操作，电路如图 3.37 描述。

信号流程如图 3.37 箭头的描述：C_{boot} 开始对驱动器放电，启动器等效于一颗二极管 D2，由于 V_{out} 还没有建立起来，初始时 Phase 点电压等于输出 V_{out}，电压为 0。当 C_{boot} 开始对驱动器放电时，上管的 V_{gs} 开始升高，Q1 开始导通，输出电压开始爬升，从等效电路图 3.37 中可以看到 Q1 的栅极电压。

$$V_{gs} = V_{cc} - V_{D2} = 4.5\,\text{V} - 0.5\,\text{V} = 4\,\text{V}$$

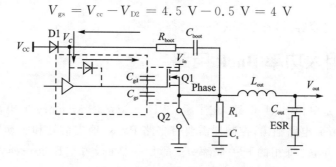

图 3.37　Buck 电路 boot 电压放电信号流程

当然，由于场效应管有寄生电容 C_{gs} 和 C_{gd}，场效应管的开启有一个上升缓冲过程，如图 3.38 所示 T_1 到 T_2 的时间。

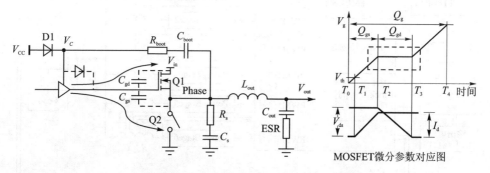

图 3.38　Buck 电路场效应管寄生电容影响

图 3.38 中，$T_0 \sim T_1$ 是场效应管截止状态，当 V_{gs} 爬升到 V_{th} 时，进入 $T_1 \sim T_2$，场

第3章 Buck 电路基本理论

效应管开始进入放大状态,T_2 以后,场效应管将会导通,C_{gd} 两端的电压开始极性为上正下负,当场效应管从截止状态到放大状态到导通状态,直到场效应管的漏极电压等于源极电压,V_g 的相对电压将会减少,这时迫使 C_{gs} 两端的电压和 C_{gd} 两端的电压相等,C_{gd} 极性发生翻转,变为下正上负,此时 V_c 除了给场效应管的栅极驱动能量以外,还需要对电容 C_{gd} 进行充电,从而导致驱动出现 $T_2 \sim T_3$ 平台,如图3.38中虚线所示。

R_{boot} 在电路中的主要作用是对充电容 C_{boot} 充电限流。其阻值不能太大也不能太小,原因如下:

① 如果电阻值偏大,将会导致电容放电能量有损耗,驱动场效应管时上升时间太长,增加了场效应管的开关损耗,使得 Buck 电路效率下降。

② 如果电阻值偏小,将会导致电容放电能量太快,驱动场效应管时上升时间变短,场效应管的开关开通速度加快,造成 V_{ds} 的峰值过大;因此,有些工程师在设计中,发现 V_{ds} 峰值太大,就会增加栅极电阻的阻值,从而减少 V_{ds} 峰值。实际上这种做法是被动式开发,作为一个优秀的设计者,这种办法是万不得已才采用的。

针对 R_{boot},推荐其取值为 1 Ω 为宜,封装要大于或等于 SMD0805,取值范围建议 $0 \sim 3.3$ Ω。

对于 C_{boot} 电容容量,各个 VR 供应商都有推荐,一般在 $0.1 \sim 0.33$ μF 之间取值。

3.9 多相大功率 Buck 电路

前面讲的是单相 Buck 电路,在主板 CPU 和记忆体 Memory 的电源设计中,大多采用多相 Buck 电路输出,控制器需要有多路 PWM 输出信号和驱动器,输出电感的输出端进行并联,每相的开关频率 f_{sw} 都是一样的,占空比也一样,纹波频率为 Nf_{sw},N 为相数,主电路图如图3.39所示。

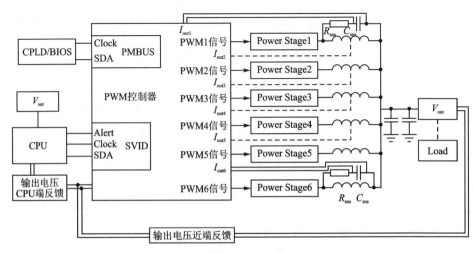

图 3.39 多项并联供电 Buck 电路

传统的驱动和开关有两种情况,如图 3.40 和图 3.41 所示。

① 驱动器和场效应管集成在一个封装中的 Doctor 场效应管(图 3.41):Driver1、Driver2、Q1 和 Q2 集成在一起。图 3.40 为驱动器和场效应管集成电路方案。

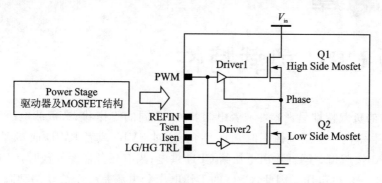

图 3.40　驱动器和场效应管集成电路

② 驱动器和场效应管分离电路如图 3.41 所示。

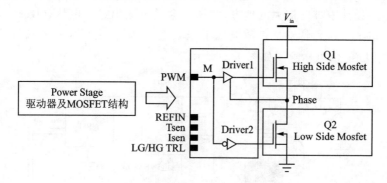

图 3.41　驱动器和场效应管分离电路

图 3.41 中,Driver1 和 Driver2 是驱动器 IC,Q1 和 Q2 为分体的开关管。

第 4 章

主板 CPU 负载特性

CPU 的负载特性呈现容性或者电阻特性,不同的工作状态,负载电压和负载电流都会发生变化。当系统休闲时,CPU 将会通过 SVID 或者 PVID 通知 VRM 降低电压,VRM 按照指令降低输出电压给 CPU 供电;当有任务需要处理时,CPU 将会通知 VRM 提高供电电压。因此,CPU 的工作电压和电流是一个波动的动态过程。这就是通常所说的动态 VID 过程:工作电压会在 0.8~1.2 V 间进行动态调整,负载电流不固定,拉载斜率和负载电流步进比较大。这种情况下对 Buck 电路的要求较高,也是电路设计中难度最大的地方,测试时会量测输出过冲电压(Overshoot)和过放电压(Undershoot),特别是过放电压不能太低,否则会出现显示器蓝屏或者死机的现象。CPU 的供电示意图如图 4.1 所示。

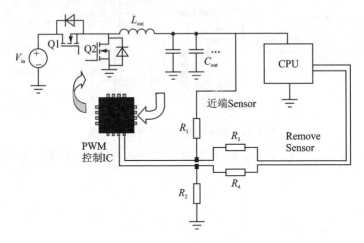

图 4.1 CPU 供电反馈原理图

图 4.1 为 CPU 供电反馈原理图,R_1 和 R_2 为近端电压检测电阻,R_3、R_4 为 CPU 和 RAM 的远程电压检测电阻,前者比后者大 10 倍左右。因此,正常工作时,近端电压检测电阻不起作用;当安装 CPU 时,近端电压检测电阻才起作用,主要是为了防止反馈回路开路造成输出电压过高,烧毁输出电容。

上面仅仅演示单相输出的电路形态,实际上 CPU 和 RAM 的 VRM 通常都是由 3~6 相输出并行供电。

单相完整的 Buck 电路图如图 4.2 所示。

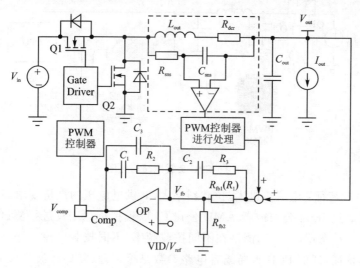

图 4.2　单相 Buck 电路图

图 4.2 中，R_{sns} 和 C_{sns} 是电流检测组件（虚线框内的电路），经过运算放大器处理以后，和电压反馈信号合并，反馈给补偿回路进行 PID 处理，从而控制 Buck 电路的 PWM 的占空比。

图 4.3 为 Buck 电路差分反馈电路，反馈信号需要走差分对线避免干扰，在主板数字电源电路中应用广泛。

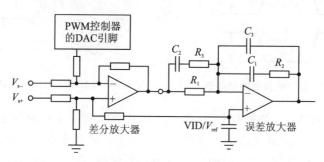

图 4.3　Buck 电路差分反馈电路

4.1　主板 CPU 负载特性及阻抗要求

图 4.4 为 CPU 负载电路简化图，CPU 负载是一个频率函数负载，正常工作状态下，CPU 会根据系统的工作状态通过 SVID 或者 PVID 对 VRM 发出指令。指令内容包括电压调整、电流负载量等。VRM 反馈给 CPU 的信息为当前输出电压、当前并行输出的相数及功率器件的温度等，当这些信息得到确认以后，CPU 才开始动作。

第 4 章 主板 CPU 负载特性

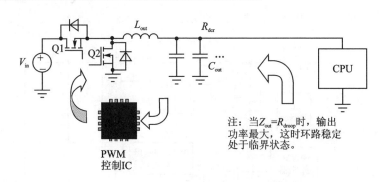

图 4.4 CPU 负载电路简化图

CPU 拉载特征：电流步进大，拉载斜率大，对供电电压的规格要求高。VRM 的功能测试是通过 Intel 公司或者 AMD 公司 CPU 模拟负载工具进行测试的，测试的内容之一就是动态反应测试，测试在不同拉载频率、不同拉载电流步进情况下，电压的输出波形特征，评估 PCB 布局或者电路参数是否合理，需要将波形展开到高频状态下进行分析，拉载频率设定为 305 Hz 或者 1 kHz。图 4.5 是理想的拉载波形：上边是电流拉载波形，下边是输出电压波形。

实际上，测试的波形如图 4.6 所示，输出电压有过放现象（圈②表示）和过冲现象（圈①表示）。

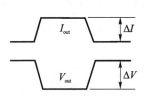

图 4.5 理想的负载特征波形

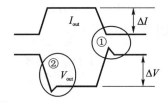

图 4.6 实际测试的负载特征波形

Intel 公司和 AMD 公司对 CPU 的动态阻抗并没有一个详细的规定，但是从其测试要求来看，所有的测试都是在验证一个问题：不同频率下的 VRM 的输出阻抗特性。关于这一点认识，初入门的设计者不容易理解，在此作特别说明：CPU 的动态反应测试、线性负载测试、动态 VID 测试以及后续的补偿回路的调试，都是在测试 VRM 不同拉载频率下的输出阻抗是否可以满足 CPU 的负载特性要求。

Buck 电路稳不稳定，关键是看不同拉载频率下的 VRM 输出阻抗是否小于负载阻抗。这是 Buck 电路设计的重点。Buck 电路输出阻抗越小，负载能力就会越强，环路就会越稳定；亚稳定状态下，Buck 电路的输出阻抗和负载阻抗相等，这时 Buck 电路的输出功率是最大的。负载能力强且稳定的 VR 必须具备以下最基本的因素：

① 输出阻抗小于负载阻抗；

② 动态反应快；

③ 输入电压范围要宽。

图 4.7 是理想的 CPU VRM 的输出阻抗示意图。

图 4.7 中，CPU VRM 输出阻抗和频率有关系，是一个频率函数，不同频段，负载阻抗不同。

理想的 Buck 电路的目标阻抗是在图 4.7 中实体线以下，测试的动态波形如图 4.8 所示。

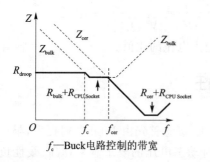

图 4.7 理想 CPU VRM 输出阻抗曲线

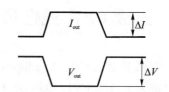

图 4.8 标准的 CPU 动态负载波形

当 VR 的输出阻抗大于负载时，将会产生超出规格的过冲和过放现象。由于 VR 的输出阻抗大于负载阻抗，VR 在某个特定的频率 f_z 做动态时，会有较高的过冲和过放电压，时间的长短和 f_z 有关系。当 f_z 为低频时，时间将会变长；当 f_z 为高频时，时间会变短，振铃的周期也会增加。如图 4.9 所示，虚线框部分说明了 Buck 输出阻抗大于目标阻抗，在拉动态时，将会出现过冲和过放现象。

图 4.9 为 CPU VRM 中频时输出阻抗变大曲线。当 VRM 输出阻抗在中频突起变大时，将会导致负载波形产生过冲或者过放波形，如图 4.10 所示。

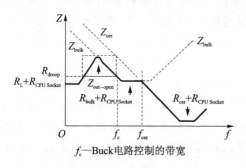

图 4.9 CPU VRM 中频时输出阻抗变大曲线

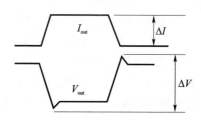

图 4.10 CPU VRM 输出阻抗突起对负载的影响

Buck 电路的输出阻抗 $R_o = \Delta V / \Delta I$，$\Delta V$ 取最大值，ΔI 取最小值，这时 Buck 电路的输出阻抗最大。如果 ΔV 和 ΔI 在规格范围之内，这时 R_o 为输出阻抗稳定状态的临界值。

第 4 章 主板 CPU 负载特性

过冲电压和过放电压的幅值与输出电感、输出电容及拉载条件有关：
① 过冲电压计算公式如下：

$$V_{over} = \frac{L_{out} I_{step}^2}{2 C_{out} V_{out}}$$

式中，I_{step} 为拉载电流步进。

② 过放电压计算公式如下：

$$V_{under} = \frac{L_{out} I_{step}^2}{2 C_{out} D_{max}(V_{in} - V_{out})}$$

式中，D_{max} 为最大占空比，近似等于输出和输入电压的比值。

4.2 主板 CPU 线性负载特性

CPU 线性负载特性（Loadline，简称 RLL）概念首先由 Intel 公司提出，早期设计的目的是为了减少 CPU 功耗，随着 CPU 对动态电压的要求越来越高，线性负载特性能够很好地减少动态电压的峰峰值，从而满足 CPU 动态反应电压的要求。CPU 线性负载特性的概念理解：随着 CPU 负载加重，CPU 的供电电压会按照一定的线性特性下降，即 RLL=$\Delta V/\Delta I$，有些资料称为 Drop。英文中，有两个单词需要注意：

① Drop：是指直流电压下降的幅值，即在一定负载条件下，输出电压下降的直流幅值大小。

② Droop：是指在动态负载条件下，输出电压下降的交流幅值大小。

Buck 电路的线性负载特性是通过发送假的反馈信息给脉冲调制控制器来完成的，比如 Buck 电路轻载情况下，输出电压为 1.00 V，当负载拉载为 50 A 时，反馈电路将会虚拟减少反馈量，向 PWM 控制器发送报告，声称这时的输出电压为 1.05 V，PWM 控制器将会调整输出电压到 0.95 V，那么 ΔV=(1.00−0.95) V=0.05 V=50 mV，根据 ΔI=50 A，计算 RLL 为

$$RLL = \Delta V/\Delta I = 50 \text{ mV}/50 \text{ A} = 1 \text{ m}\Omega$$

这就是 RLL 的由来，针对 CPU VRM 的 RLL 设计原理，电源控制器厂商由于专利的原因，都不会公开进行详细描述，但是从技术角度来看，可以进行简化。基本的技术原理都是一样的，下面针对这个问题进行详细的讨论。简化的电路如图 4.11 所示。

在图 4.11 中，R_{sns} 和 C_{sns} 是电感电流检测电路，PWM 控制器通过 R_{sns} 和 C_{sns} 进行电流检测，PWM 控制器按照电感电流的比例产生一个恒流源 $K_i I_L$（I_L 是负载电流），恒流源信号和电压反馈信号一同注入到运算放大器 OP 的负端，这两个反馈做加法运算。恒流源 $K_i I_L$ 会按照负载电流的比例减弱负载电流反馈量，当输出电压为 1.00 V 时，反馈信号发送到运算放大器 OP 与 $K_i I_L$ 进行加法运算以后，输出 Comp

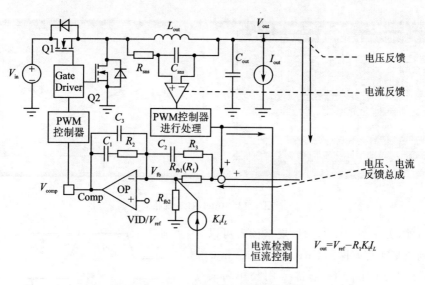

图 4.11　Buck 电路电流电压反馈电路

端向 PWM 控制器报告为 1.05 V，从而导致 PWM 控制器向下调整误差 0.05 V，以满足输出电压为 1.00 V 的规格需求。实际这时输出电压为 0.95 V。进一步简化电路如图 4.12 所示。

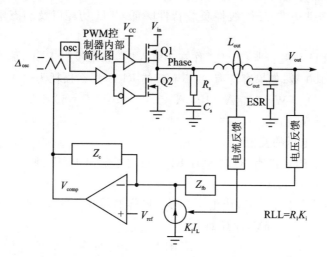

图 4.12　CPU VRM 反馈简化图

另外一方面，为了降低和 CPU 功耗动态电压的峰峰值，通过设定虚拟升高反馈点的电压来降低 CPU 的工作电压。当 CPU 拉载电流为 I_{out} 时，电流步进为 ΔI_o，CPU 的工作电压为 $V_{out} - \Delta V_o$。图 4.13 为 Intel 公司测试报告中 Loadline 曲线测试表格，如果了解详细的测试要求，读者可自行到 Intel 公司的 IBL 网站上下载相关文件阅读。

第4章 主板CPU负载特性

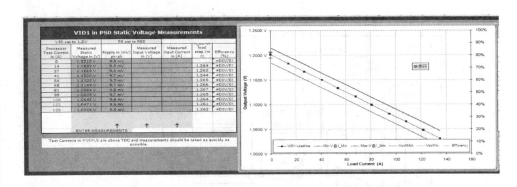

图 4.13 Intel RLL 规格

另外，关于 AMD 的测试规格读者可以自行到 AMD 官方网站 (https://nda.amd.com/dds/login.jsp) 下载，需要用公司名义注册才可以正常下载。

图 4.14 是实际测试的负载特性波形。

RLL 的测试需要使用万用表来测试拉载时的电压值，要求数字万用表的位数最少 4 位。下面来讲一讲 CPU 线性负载特性降低 CPU 功耗以及动态电压峰峰值的原理。

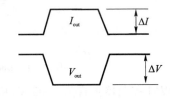

图 4.14 带有 RLL 的动态曲线波形

① 降低 CPU 功耗：当 CPU 工作在 100 A 时，如果没有 RLL，那么工作电压为 1.0 V，功耗为 100 W；如果容许有 1.05 mΩ 的 RLL，那么损耗为

$$100 \text{ W} - 100 \text{ A} \times 100 \text{ A} \times 1.05 \times 10^{-3} \text{ Ω} = 89.5 \text{ W}$$

节约了 10.5 W 功耗。

② 减小动态电压的幅值。

图 4.15 展示的是没有 RLL 和有 RLL 的动态输出电压波形。有 RLL 的方案中，设定 RLL=1.05 mΩ。

图 4.15 为没有 RLL 的输出电压波形。同样的拉载条件下，没有 RLL 的输出电压交流峰峰值为 226.1 mV，计算如下：

$$V_{\text{droop}} = \Delta I_{\text{o}} \text{RLL} = 105 \text{ mV}$$

$$V_{\text{p-p2}} = V_{\text{p-p1}} - V_{\text{droop}} = 126.6 \text{ mV}(实际测试为 142.6 \text{ mV})$$

从上面的情况得出：动态电压峰峰值在有 RLL 的情况下，有 RLL 方案的输出电压交流峰峰值为 142.6 mV，相对减小了 83.5 mV。

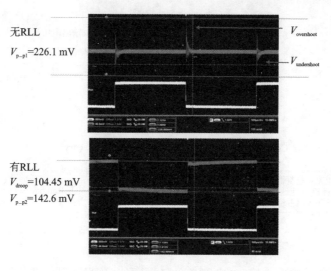

图 4.15　实际测量没有 RLL 和有 RLL 对输出电压影响的波形

4.3　主板 CPU 动态 VID 特性

为了适应 CPU 的快速电压的变化，要求 Buck 电路的输出电压能够快速升降，VR12 中，Intel 公司对电压从 0.7 V 升到 1.05 V(1.2 V)的斜率和时间有要求，时间不能超出 17.5 μs，且能适应不同的电流步进；同样，电压从 1.05 V(1.2 V)降到 0.7 V 需要的时间不能超出 17.5 μs。对过冲电压和过放电压也有严格的规定，后面的章节将会详细说明。

DVID 的规格要求输出电容不能太大，也不能太小，输出电容太大冲击电流就会变大，太小过冲电压就会超出规格。下面通过举例计算。

假定 CPU VRM 输出电容为 8 000 μF，输出电压从 0.7 V 升到 1.05 V，输出电压斜率为 20 mV/μs(Intel 要求)，那么冲击电流为

$$I_{inrush} = C \frac{输出电压斜率}{\Delta T} = [8\,000 \times 10^{-6} \times 20 \times 10^{-3}/(1 \times 10^{-6})]\,A = 160\,A$$

需要 Buck 电路额外送出这么大的电流，有可能会导致 Buck 电路 OCP 保护。

另外，如果 VID 升高太慢，V_{out} 小于基准参考电压太多(规定为 200 mV)，将会导致欠压保护；如果 VID 下降太快，V_{out} 大于基准参考电压太多(规定为 200 mV)，将会导致过压保护。动态 VID 电压下降太慢或者输出电容太少，将会造成过压保护；反之，就会欠压保护。

关于动态 VID 的调试，各家的电源方案都是用 R、C 进行电流充放电控制、调整，如图 4.16 所示，R_{vid} 及 C_{vid} 的详细资料可以到 Intersil 官网上下载(图 4.16 出自 Intersil 公司的培训资料)。

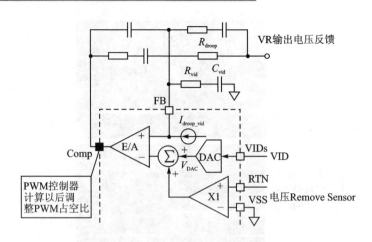

图 4.16 动态 VID 调节电路

动态 DVID 对输出电感、电容都有限定,电路以及测试规范简化如图 4.17 所示。

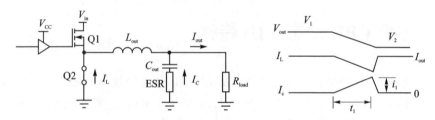

图 4.17 输出电感、电容对动态 DVID 波形的影响

输出电感要求:

$$\frac{2\Delta V \cdot V_{\text{out}} \cdot C}{I_{\text{max}}^2} \geqslant L_{\text{out}} \geqslant \frac{V_{\text{in}} V_{\text{out}} - nV_{\text{out}}^2}{V_{\text{ppmax}} V_{\text{in}} f_{\text{sw}}} \text{ESR}$$

根据输出纹波限定,对输出电容的要求:

$$C_{\text{out max}} = \frac{nV_{\text{out}} t_{1 \text{ max}} t_{\text{D}}}{2L_{\text{out}}(V_1 - V_2)}$$

关于 CPU 的测试项目需要参考 Intel 公司发布的电子测试表格,其中对误差计算和测试都有详细的规定和描述。

4.4 主板 CPU 测试工具简介

Intel 公司和 AMD 公司对 CPU 的测试都有自己的要求。AMD 公司对 CPU 的测试比较简单。下面重点讲述 Intel 公司 CPU 和 RAM VRM 的测试,分为两部分:一部分是 Intel 公司的电子测试表格,另一部分是企业内部的测试要求。

Intel 公司的测试通常都会有一个电子测试表格,需要测试工程师按照其要求进行测试,需要使用 Intel VRTT 工具与 PC 联机操作。不同平台的 CPU,VRTT 工具也有差异。

Intel 公司的测试工具需要通过公头对公头转接插头和 Interposer 卡对接,才能和测试板连接,如图 4.18 右图所示。

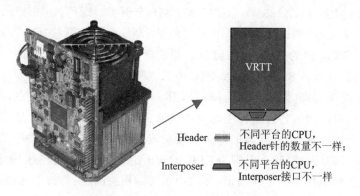

图 4.18　第三代 Intel CPU 测试工具

Intel 公司对 CPU 的电源测试比较严格,测试工具科技化程度较高。VR12 以前的 CPU 测试工具大多是 Intel 公司免费赠送的,VR12.5 以后的 CPU 测试工具需要专门购买,且需要解码系列号才能使用。根据实际情况,下面将 VR12 和 VR12.5 的 CPU 测试工具进行比照说明。

4.4.1　VR12 CPU 测试工具

① Socket R:LGA2011(CPU 有 2 011 个引脚),有红色和蓝色两种,如图 4.19 所示。

图 4.19　Intel 测试工具和 MB 衔接的 R 型中间转接板

图 4.19 为 Intel 测试工具和 MB 衔接的中间转接板,分为红板和蓝板两种,红板用于大功率测试,VCore 最大可以支持 240 A;蓝板用于小功率测试,VCore 最大可以支持 180 A,VTT 最大可以支持 30 A,VSA 最大可以支持 30 A。这两种板都应用于 Romley-EP 类型的 CPU 电源测试。蓝色板和红色板的测试点一样:跳线 J2 的 3 引脚(大地)和 4 引脚为 CPU 的主电 VCCP 的测试点,示波器的探头连接到该

点可以测试各种条件下的电压波形;跳线 J3 的 1 引脚(大地)和 2 引脚为 CPU 的 VTT 的测试点,示波器的探头连接到该点可以测试各种条件下的电压波形;跳线 J3 的 3 引脚(大地)和 4 引脚为 CPU 的 VSA 的测试点,示波器的探头连接到该点可以测试各种条件下的电压波形。测试中示波器探头的正、负不能接反。

② Socket B2：LGA1355/6(CPU 有 1 356 个引脚),绿色,如图 4.20 所示。

图 4.20 为 Intel 测试工具和 MB 衔接的 B2 型绿色中间转接板,Socket B2 应用于 Romley-EN 类型的 CPU 电源测试。测试板 VCore 最大可以支持 180 A,VTT 最大可以支持 30 A,VSA 最大可以支持 30 A。

跳线 J2 的 1 引脚(大地)和 2 引脚为 CPU 的主电 VCCP 的测试点,示波器的探头连接到该点可以测试各种条件下的电压波形;跳线 J3 的 1 引脚(大地)和 2 引脚为 CPU 的 VTT 的测试点,示波器的探头连接到该点可以测试各种条件下的电压波形;跳线 J3 的 3 引脚(大地)和 4 引脚为 CPU 的 VSA 的测试点,示波器的探头连接到该点可以测试各种条件下的电压波形,测试中示波器探头的正、负极不能接反。

③ Socket H2：LGA1155/6(CPU 有 1 156 个引脚),绿色,如图 4.21 所示。

图 4.20　Intel 测试工具和 MB 衔接的 B2 型绿色中间转接板

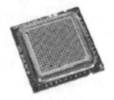

图 4.21　Intel 测试工具和 MB 衔接的 H2 型中间转接板

图 4.21 为 Intel 测试工具和 MB 衔接的 H2 型中间转接板,应用于 Bromolow 类型的 CPU 电源测试。测试板 VCore 最大可以支持 150 A,VCCAXG 最大可以支持 30 A,VCCIO 最大可以支持 30 A。

跳线 J2 的 1 引脚(大地)和 2 引脚为 CPU 的主电 VCCP 的测试点,示波器的探头连接到该点可以测试各种条件下的电压波形;跳线 J3 的 1 引脚(大地)和 2 引脚为 CPU 的 VCCU 的测试点,示波器的探头连接到该点可以测试各种条件下的电压波形;跳线 J3 的 3 引脚(大地)和 4 引脚为 CPU 的 VCCGT 的测试点,示波器的探头连接到该点可以测试各种条件下的电压波形,测试中示波器探头的正、负极不能接反。

4.4.2　VR12.5 CPU 测试工具

1) Socket R：LGA2011(CPU 有 2 011 个引脚),有红色和蓝色两种。

① R1 Socket：LGA2011-1(CPU 有 2 011 个引脚),用于 Brickland 平台的各种 CPU 的测试。

图 4.22 为 Intel 测试工具和 MB 衔接的 R1 型蓝色中间转接板,分为蓝色和红

色两种不同的样式。

蓝色板和红色板的测试点不一样,蓝色板的电压为多组。测试点如下:跳线 J2 的 3 引脚(大地)和 4 引脚为 CPU 的主电 VCore 的测试点,示波器的探头连接到该点可以测试各种条件下的电压波形;测试中示波器探头的正、负极不能接反。跳线 J2 的 1 引脚(大地)和 2 引脚为 CPU 的 VCCP 的测试点,示波器的探头连接到该点可以测试各种条件下的电压波形;跳线 J3 的 3 引脚(大地)和 4 引脚为 CPU 的 VSA 的测试点,示波器的探头连接到该点可以测试各种条件下的电压波形,跳线 J3 的 2 引脚(大地)和 1 引脚为 CPU 的 VVMSE 的测试点,示波器的探头连接到该点可以测试各种条件下的电压波形,测试中示波器探头的正、负极不能接反。

图 4.23 为 Intel 测试工具和 MB 衔接的 R1 型红色中间转接板,红色板的测试点为单一的 1.8 V。测试点如下:跳线 J2 的 3 引脚(大地)和 4 引脚为 CPU 的主电 VCCP 的测试点,示波器的探头连接到该点可以测试各种条件下的电压波形;测试中示波器探头的正、负极不能接反。

图 4.22　Intel 测试工具和 MB 衔接的 R1 型蓝色中间转接板

图 4.23　Intel 测试工具和 MB 衔接的 R1 型红色中间转接板

② R3 Socket:LGA2011-3(CPU 有 2 011 个引脚),用于 Grantley-EP 和 Grantley-4S EP 平台的各种 CPU 的测试。

图 4.24 为 Intel 测试工具和 MB 衔接的 R3 型蓝色中间转接板,蓝色板的电压为多组。测试点如下:跳线 J3 的 3 引脚(大地)和 4 引脚为 CPU 的主电 VCCP 的测试点,示波器的探头连接到该点可以测试各种条件下的电压波形;跳线 J2 的 1 引脚(大地)和 2 引脚为 CPU 的 VCCD-01 的测试

图 4.24　Intel 测试工具和 MB 衔接的 R3 型蓝色中间转接板

点,示波器的探头连接到该点可以测试各种条件下的电压波形;跳线 J2 的 3 引脚(大地)和 4 引脚为 CPU 的 VCCD-23 的测试点,示波器的探头连接到该点可以测试各种条件下的电压波形;测试中示波器探头的正、负极不能接反。在 VR12.5 测试中,VCCD-01 和 VCCD-23 没有应用。

2) Socket B3:LGA1356-1(CPU 有 1 356 个引脚),绿色,如图 4.25 所示。

图 4.25 为 Intel 测试工具和 MB 衔接的 R3 型绿色中间转接板,用于 Grantley-EN 平台的 CPU 的测试,Intel 公司只开发 Grantley-EN 样品,实际没有量产。

3) Socket H3：LGA1150(CPU 有 1 150 个引脚)，绿色，如图 4.26 所示。

图 4.26 为 Intel 测试工具和 MB 衔接的 H3 型绿色中间转接板，用于 Denlow 平台的各种 CPU 的测试。测试点如下：跳线 J2 的 3 引脚(大地)和 4 引脚为 CPU 的主电 VCC 的测试点，示波器的探头连接到该点可以测试各种条件下的电压波形；跳线 J3 的 3 引脚(大地)和 4 引脚为 CPU 的 VDDQ 的测试点，示波器的探头连接到该点可以测试各种条件下的电压波形；测试中示波器探头的正、负极不能接反。

图 4.25　Intel 测试工具和 MB 衔接的 B3 型绿色中间转接板　　　图 4.26　Intel 测试工具和 MB 衔接的 H3 型绿色中间转接板

4.4.3　第四代 Intel CPU 测试工具

1. 低功率测试工具

图 4.27 为第四代 Intel CPU 低功率测试工具，最大可以测试 280 W，可以测试 VR12.5、VR12、IMVP7、LGA、BGA 和 rPGA CPU。测试内容包括 Static loadline、Dynamic loadline、Dynamic VID 和 VR Power states。

2. 高功率测试工具

图 4.28 为第四代 Intel CPU 高功率测试工具，最大可以测试 220 W，可以测试 VR12.5、VR12、IMVP7、LGA、BGA 和 rPGA CPU。测试内容包括 Static loadline、Dynamic loadline、Dynamic VID 和 VR Power states。

图 4.27　第四代 Intel CPU 低功率测试工具　　　图 4.28　第四代 Intel CPU 高功率测试工具

4.5 主板 CPU 测试要求

Intel Romley 平台 CPU 工作状态分为 PS0、PS1 和 PS2。PS0 表示按照 CPU 的 TDC 规格进行测试;PS1 表示 CPU 运行在 20 A 以下、5 A 以上的负载条件下进行测试;PS2 表示 CPU 工作在 5 A 以下的负载条件状态。PS0、PS1 和 PS2 是 CPU 在 VTT Tool 模拟 CPU 工作状态的一种理想条件下的测试,其测试内容实际是在考核 CPU 负载变化时对 VRM 输出电压的影响。CPU 工作电压分为 VCCP、VSA 和 VTT。

在 Intel Speadsheet 电子测试表格中,包含 Spec Entry、Thermal Comp、Static LL、Transient LL、Dynamic VID、VSA_Testing 和 Vtt_Testing,共计 7 个 Excel sheet。

Intel CPU 平台的测试敬请读者自行到 Intel 官方网站下载最新的 Intel Spreadsheet 参考,在此不再讲解。

4.6 主板 CPU Memory 测试要求

Intel 公司对 DDR VRM 的测试有较为详细的规定,也有专门的工具和 PC 软件联机进行测试。

DDR3 测试工具如图 4.29 所示。

Intel DDR3 Tool 平均每块拉载板 VDDQ 最大可以拉载 18 A,最大功率为 27 W (需要使用散热风扇,如果不用风扇散热,通常只能拉载 10 A)。实际测试到的电流信号都是以电压形式表现出来的,电压、电流对应的关系是 20 mV/A;VTT 拉载最大为 2 A/1.5 W,电压、电流对应的关系是±200 mV/A;Tool 可以多块负载板并联使用,每块拉载板都有接口连接。

DDR4 测试工具如图 4.30 所示。

图 4.29　DDR3 记忆体测试数控拉载板

图 4.30　DDR4 记忆体测试数控拉载板

关于 CPU Memory 的测试项目请读者自行到 Intel 官方网站下载最新的 Intel Spreadsheet 参考,在此不再讲解。

4.7 主板 Buck 电路其他测试要求

不同厂家对于 VR 的测试要求都不同,特别是拉载斜率的设定,主要原因有:
① 测试设备达不到要求;
② 客户不同,要求也不一样。

从 VR 的特性来看,下面的测试项是必须满足设计要求的:纹波噪声测试、动态反应测试、环路稳定性能测试、输入电压稳定度测试、开关管波形测试、过流保护及短路保护测试等等。

第 5 章

主板 Buck 电路环路稳定性能分析

Buck 电路的环路稳定性能分析是在幅频特性和相频特性的基础上进行的。提到这两个特性,电源设计工程师都会谈虎色变,认为难度以及理论水平超出自己的知识范围;看到拉普拉斯变换、傅里叶变换和负载的传递函数表达式,初学者就会失去信心,甚至崩溃。不要紧,本书将会对这些问题进行简化,引导大家不要太关注这些理论和公式,初学者只要知道其来源以及这些理论所描述的基本原理即可,不必清楚其推理过程。意识很重要,掌握概念就是进步。本文中的所有理论也就下面几个公式:

① $\Delta I = \dfrac{C \mathrm{d}V}{\mathrm{d}t}$;

② $\Delta V = \dfrac{L \mathrm{d}i}{\mathrm{d}t}$;

③ $Q = It = CV$。

在电源设计过程中,上面这三个公式非常重要,前面两个是分析噪声的基本公式,第三个公式是能量转换公式。针对这三个公式,后面将会逐一进行说明。

5.1 环路稳定性能的规格要求

刚入门的电源工程师看到环路稳定性能,感到无从下手。环路稳定性对理论认识的要求比较高,许多初学者对幅值、增益,都容易理解,但是谈到相位就没有信心了。其原因是相位的描述有点抽象化,不直观,需要将输入信号和输出信号的初始周期内的时间差 ΔT 测量出来,通过公式 $\theta = (\Delta T/T) \times 360°$ 计算才能得出相位差,理解起来比较困难,如图 5.1 所示。

图 5.1 中的幅值差 σ 就是通常所讲的增益裕度,相位差 θ 是相位裕度,如图 5.2 所示。

环路稳定的基本规格及概念:

① 稳定电路的增益裕度。电路稳定的增益在低频时并没有要求,但要求相位在 360°时,增益的衰减为 -10 dB 以上。

② 稳定电路的相位裕度。当增益为 0 dB 时,相移必须小于 360°,为了保证回路

稳定,在组件额定值时通常设计相位裕度必须大于 45°,也就是说,最大相位不能超过 315°。

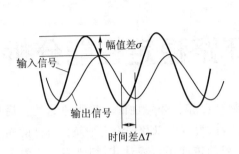

图 5.1　输入/输出信号增益、相位波形

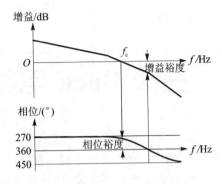

图 5.2　幅频特性曲线

5.2　RC 补偿参数设计分析

主板 CPU VRM 的电源电路反馈方式中,电压反馈和电流反馈同时存在,电源设计大多采用 TYPE3 结构来进行补偿。这和 PSU 的电路设计有较大差异,PSU 输出电源的设计只需要使用 TYPE2 就可以满足设计要求。

在讲 TYPE3 之前,先复习 RC 微积分电路的基本知识。

5.2.1　RC 积分电路

RC 积分电路图如图 5.3 所示。

图 5.3 中,信号 U_i 先通过 R 和 C 分压转换成 U_o。传递函数公式如下:

$$U_o = \frac{U_i \dfrac{1}{j\omega C}}{R + \dfrac{1}{j\omega C}}$$

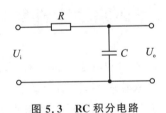

图 5.3　RC 积分电路

RC 积分电路特征频率公式如下:

$$f_z = \frac{1}{2\pi RC}$$

RC 积分电路是一个低通滤波器,当信号频率 f 超过特征频率 f_z 以后,将会以 $-20\,\mathrm{dB}$ 的速度衰减,一阶积分电路产生一个极点。

增益计算公式如下:

$$A(\mathrm{dB}) = -20 \log \sqrt{1 + \left(\frac{f}{f_p}\right)^2}$$

相位计算公式如下:

$$\varphi = \arctan \frac{f}{f_p}$$

RC 积分电路幅频特性及相频特性曲线如图 5.4 所示。

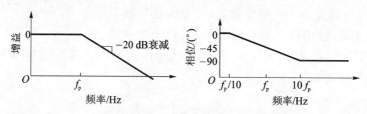

图 5.4 RC 积分电路幅频特性及相频特性曲线

R、C 越大,积分效果越强,积分电路中,RC 必须远远大于激励信号 T_s 才能起到积分的效果,否则失效。

传递函数公式如下:

$$H(s) = \frac{\frac{1}{Cs}}{R + \frac{1}{Cs}} = \frac{\alpha}{s + \alpha}, \quad \alpha = \frac{1}{RC}$$

积分公式如下:

$$U_o = -U_C = -\frac{1}{C}\int i\,\mathrm{d}t = -\frac{1}{C}\int \frac{U_i}{R}\mathrm{d}t = -\frac{1}{RC}\int U_i\,\mathrm{d}t$$

[范例说明] RC 值不同,输出波形也不一样,如图 5.5 所示。

不同时间的电压值需要使用不同的公式进行计算,V_3 为电容充电时的输出电压,V_4 为电容放电时的电压,计算公式如下:

$$V_3 = L \cdot (1 - \mathrm{e}^{-\frac{t}{RC}})$$
$$V_4 = E \cdot \mathrm{e}^{-\frac{t}{RC}}$$
$$i = \frac{E}{R} \cdot \mathrm{e}^{-\frac{t}{RC}}$$

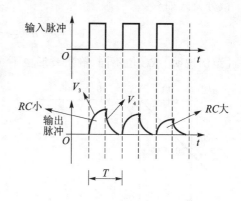

图 5.5 积分电路电容充放电曲线

5.2.2 RC 微分电路

RC 微分电路图如图 5.6 所示。

信号通过 U_i,然后通过 C 和 R 分压以后转换成 U_o。传递函数公式如下:

$$U_o = \frac{U_i R}{R + \frac{1}{\mathrm{j}\omega C}}$$

第 5 章　主板 Buck 电路环路稳定性能分析

RC 微分电路特征频率公式如下：

$$f_z = \frac{1}{2\pi RC}$$

RC 微分电路是一个高通滤波器，当输入信号频率小于特征频率时，输出信号是被衰减的；当信号频率超过一定特征频率以后，输出电压将会等于输入电压。

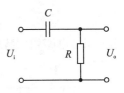

图 5.6　RC 微分电路

增益计算公式如下：

$$A = -20\log\sqrt{1+\left(\frac{f_z}{f}\right)^2}$$

相位计算公式如下：

$$\varphi = \arctan\frac{f_z}{f}$$

RC 微分电路幅频特性及相频特性曲线如图 5.7 所示。

RC 值越大，微分效果越弱。微分电路中，RC 值必须远远小于激励信号 T_s 才能收到微分的效果；否则失效。一阶微分电路产生一个零点。

传递函数公式如下：

$$H(s) = \frac{U_o(s)}{U_i(s)} = \frac{R}{R+\frac{1}{Cs}} = \frac{s}{S+\frac{1}{RC}}$$

微分公式如下：

$$U_o = -iR = -RC\frac{dU_i}{dt}$$

[范例说明] RC 值不同，输出波形也不一样，如图 5.8 所示。

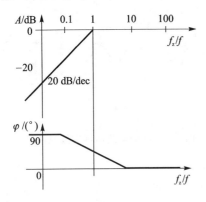

图 5.7　RC 微分电路幅频及相频特性曲线

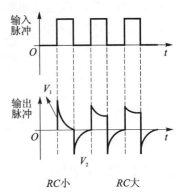

图 5.8　微分电路电容充放电曲线

不同时间的电压值需要使用不同的公式进行计算，V_1 为电容充电时的输出电压，V_2 为电容放电时的输出电压，公式如下：

$$V_1 = E \cdot e^{-\frac{t}{RC}}$$

$$V_2 = -E \cdot e^{-\frac{t}{RC}}$$

1. TYPE1 结构

图 5.9 为 TYPE1 电路结构图。

2. TYPE2 结构

图 5.10 为 TYPE2 电路结构图,由 1 个零点和 1 个极点组成。

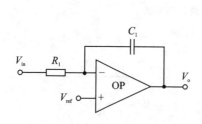

图 5.9 TYPE1 电路

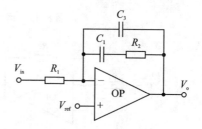

图 5.10 TYPE2 电路

3. TYPE1 和 TYPE2 电路比较

TYPE1 电路传递函数为

$$H(s) = \frac{1}{sR_1C_1}$$

图 5.9 是典型的积分电路,输入高通滤波器。

图 5.10 包含 1 个零点和 1 个极点(不包括 IC 本身所产生的原始零极点),零点在前,极点在后;另外,还有一个原始极点,此参数是由 R_1 和 C_1 来决定的。

积分产生极点,相位方面输出滞后输入;微分产生零点,相位方面输出超前输入。

4. TYPE3 结构

图 5.11 为 TYPE3 电路结构图,由 2 个零点和 2 个极点组成。

运算放大器被集成在 PWM 控制器内部,TYPE3 补偿回路的幅频特性和相频特性曲线图是不规则的,为了方便分析问题,所有的相频特性曲线都走成直线形式。

运算放大器开环的放大倍数比较大,如图 5.12 所示。

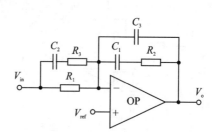

图 5.11 TYPE3 电路

图 5.12 是一个运算放大器开环电路,没有实质电路设计参考意义,需要和 R、C 配合使用才能对信号进行处理。

电阻和运算放大器组成的反相比例放大器的增益曲线是一条水平线,增益为 $G_{ain} = R_2/R_1$,如图 5.13 所示。

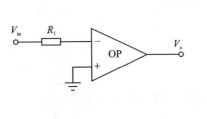 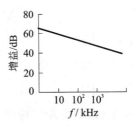

图 5.12　运算放大器开环电路

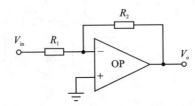 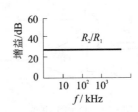

图 5.13　运算放大器反向比例放大电路

(1) 低频段分析

如果运放增益一直保持直线,那么在低频段总的增益为 100 Hz 就比较小,不能有效抑制交流电源纹波。补偿反馈特性要求低频段的增益必须比较大,高频段的增益衰减需要加重才能保证补偿回路稳定,规定穿越频率 f_c 的左边增益应当迅速增加,因此,在误差放大器反馈电阻电路 R_2 串联一个电容 C_1 即可以满足设计要求。当输入信号在低频范围时,增益为 $(R_2+1/j\omega C_1)/R_1$,由于 ω 比较小,$R_2+1/j\omega C_1$ 比较大,从而增益以 +20 dB/dec 向低频增加,并在 100 Hz 处产生较高的增益;当输入信号在高频范围时,C_1 的容抗小于 R_2,增益是水平线(为 R_2/R_1),如图 5.14 所示。

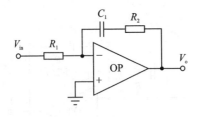 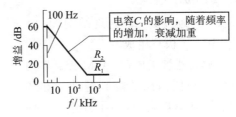

图 5.14　一阶积分放大电路

(2) 高频段分析

在穿越频率 f_c 右端的高频段,如果误差放大器保持增益为 R_2/R_1,即高频增益相当高,就有可能接收高频尖峰噪声干扰反馈信号;经过运算放大器放大以后,并以较大的幅值传递到输出端,要求在高频时应当降低回路增益。为了降低高频信号的增益,需要在反馈支路 R_2 和 C_1 网络的基础上并联一个 C_3,如图 5.15 所示。

当输入信号频率等于穿越频率 f_c 时,X_{C_3} 已经比 R_2 小,电路特性与 C_1 无关,高

频电容 C_3 的容抗比 R_2 小，R_2 对电路的影响不明显，电路增益由 X_{C_3}/R_1 决定。当信号频率超过 f_c 以后，幅频特性曲线是水平的，直到 $f_p = 1/(2\pi R_2 C_3)$，增益开始转折，曲线以斜率为－1 开始衰减，从而避免了高频噪声进入输出端，如图 5.16 所示。电容 C_1 决定低频增益，R_2/R_1 决定中频增益，C_3 决定高频增益，形成 1 个零点和 1 个极点的曲线图。

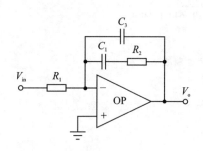

图 5.15　二阶比例放大电路

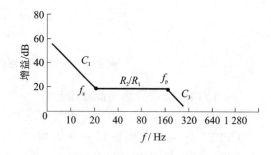

图 5.16　TYPE2 的零极点幅频曲线

为了方便调试和理论分析，尽量使 $f_c/f_z = f_p/f_c$，实际上，需要将输出电容、电感的特性整合到一起才能评估。f_z 与 f_p 之间距离越远，当信号穿越 f_c 时就会有较大的相位裕度，但如果 f_z 选得较低，信号在 100 Hz 低频增益就会偏低，100 Hz 的纹波信号衰减将会变差，TYPE3 补偿对纹波的滤除效果变差，严重时会出现低频振荡；如果 f_p 选得较高，穿越频率 f_c 以后的高频信号衰减不足，高频噪声尖峰将会通过运算放大器进行放大，Buck PWM 控制器的占空比将会频繁调整，造成电路不稳定，抖动偏大。因此，f_z 与 f_p 通常都会采用折中的方式进行处理，一切以调试的结果为准。

中频段信号衰减比较严重时，导致带宽较窄，动态反应比较慢，Jitter 较大，电路出现谐振，因此，需要适当增加中频增益，在 R_1 端并接 R_3 和 C_2，设计时要求 $R_3 \ll R_1$，从而将低频信号流程和中频信号进行区分。

当中频信号通过 R_1 和 R_3、C_2 网络时，由于电阻 R_3、电容 C_2 和 R_1 是并联关系，所以导致整体阻抗减小，从而 TYPE3 的增益变大，达到中频信号放大的目的。补偿电路增加了 1 个极点和 1 个零点，改变了幅频特性和相频特性曲线，使得控制更加趋于合理，电路如图 5.17 所示。

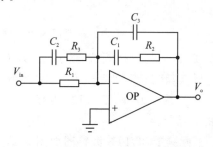

图 5.17　TYPE3 电路

TYPE3 电路幅频特性曲线如图 5.18 所示，各个组件对应的曲线在图中都进行了标注。需要说明的是，这仅仅是示意图，实际曲线的成分是很复杂的，比如 C_1 对应的曲线不仅仅是 C_1 的作用，而是 C_1、R_1、R_2 的合成曲线，只是 C_1 起主导作用而已。同样的道理，其他的组件对应的曲线也是一样。因此，读者需要谨慎对待这个问题，以免误导了大家。

第5章 主板Buck电路环路稳定性能分析

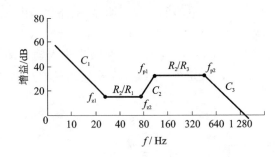

图5.18 TYPE3电路幅频特性曲线

(3) TYPE3补偿回路高低频段分析

TYPE3在Buck电路中的应用如图5.19所示。

TYPE3是一个比例微积分放大器,是自动化专业中的硬件PID信号处理电路,由2个微分器和2个积分器组成,对低频信号进行放大,对高频信号进行衰减,放大和衰减是通过零极点的位置来进行控制的。

理想的TYPE3波特图如图5.20所示。

图5.20展示的是理想TYPE3的波特图,零点位置和极点位置比较清晰,2个零点在低

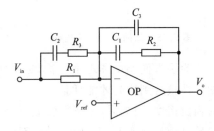

图5.19 TYPE3在Buck电路中的应用

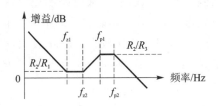

图5.20 理想TYPE3波特图

频段,2个极点在高频段,零点和极点有转折点,转折点位置和R、C的参数设定有关系。另外,TYPE3还有一个f_{p0}的原始极点。

实际测量TYPE3波特图如图5.21所示。

图5.21中,A为增益裕度,B为相位裕度。实际的TYPE3曲线比较平滑,这点可以通过传递函数得出,为了分析方便进行了特别处理。

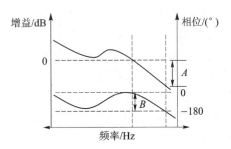

图5.21 实际测量TYPE3波特图

5. TYPE3 的传递函数

TYPE3 的传递函数用 $G_{\text{ain }RC}$ 表示。

$$G_{\text{ain }RC} = \frac{R_1 + R_3}{R_1 R_3 C_3} \cdot \frac{\left(s + \dfrac{1}{R_2 C_1}\right)\left[s + \dfrac{1}{(R_1 + R_3)C_2}\right]}{s \cdot \left(s + \dfrac{C_3 + C_1}{R_2 C_3 C_1}\right)\left(s + \dfrac{1}{R_3 C_2}\right)}$$

传递函数其实就是网络增益函数,是通过阻抗来进行计算的。

(1) 零极点频率计算以及位置

将 TYPE3 分成 4 个频点来进行拆分分析,分别为 f_{z1}、f_{z2}、f_{p1}、f_{p2}。这是模拟 TYPE3 的补偿结构,数字的 PID TYPE3 原理和模拟的有差异,需要进行分开阐述。下面详细讨论模拟 TYPE3 的补偿原理对 4 个频点的分布要求。

f_{z1} 和 f_{z2} 是 TYPE3 的两个零点,也就是两个 RC 微分网络。为了更加清楚地说明问题,将 TYPE3 网络简化成图 5.22 所示的电路,用阻抗的原理对其进行深入讨论。

TYPE3 可以简化成 Z_a、Z_b 及 OP 的结构,V_{fb} 相对 V_{ref} 的增益为 $G_{\text{ain}} = Z_a/Z_b$。本书中的理论都是建立在这个基础之上的,如图 5.22 所示。

将低频定义为小于 f_{z2} 的频率,当信号频率达到 f_{z1} 时,增益曲线将会出现转折,通过 f_{z1} 达到 f_{z2} 之前为水平直线,达到 f_{z2} 以后由于极点的关系再次转折,如图 5.23 所示。

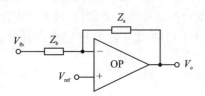

图 5.22 反向运算放大器电路

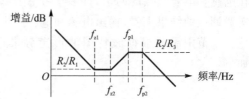

图 5.23 TYPE3 电路增益对应频率曲线

两个零点中,f_{z1} 的频率最小,f_{z2} 其次。f_{z1} 公式如下:

$$f_{z1} = \frac{1}{2\pi R_2 C_1}$$

R_2 和 C_1 组合以后通过运算放大器形成微分电路,当 V_{fb} 信号为低频时,电容不起作用,随着信号频率的增加,电容慢慢起作用,增益会线性减小。描述和计算如下:

$$Z_{C_1} = 1/(j\omega C_1), \quad \omega = 2\pi f$$

式中,f 是信号频率,当 f 增加时,Z_{C_1} 将会减小。Z_a 公式如下:

$$Z_a = R_2 + \frac{1}{j\omega C_1}$$

对于 f_{z2},理论上要大于 f_{z1},位于 f_{p1} 和 f_{z1} 之间,在 TYPE2 中没有这个频点的定义,为了增强对输出电容以及输出电感形成的 LC 双极点的调节和补偿,才增加了这个频点。阻抗网络 Z_b 公式如下：

$$Z_b = R_1 \mathbin{/\mkern-6mu/} \left(R_3 + \frac{1}{j\omega C_2}\right)$$

C_2 起低频衰减电容的作用。C_2 的阻抗在低频时非常大，R_1、R_3 和 C_2 形成微分电路，这时的特征频率就是 f_{z2}，公式如下：

$$f_{z2} = \frac{1}{2\pi(R_1 + R_3)C_2}$$

由于 $R_3 \ll R_1$，所以有时将上面的公式简化为

$$f_{z2} = \frac{1}{2\pi R_1 C_2}$$

在 Buck 电路反馈设计中，忽略寄生的零极点的影响，零点和极点的数量应该是相等的，输出电容及电感产生了 2 个极点，需要用 2 个零点进行补偿。这两个零点就是 f_{z1} 和 f_{z2}，图 5.24 是输出电感和电容产生的极点图。

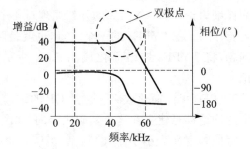

图 5.24 输出电感和电容波特图

输出电感、电容产生 2 个极点，设计和调试时，需要将 f_{z1} 和 f_{z2} 放置在电感和电容极点的两边，许多参考书上都讲到这两个零点频点的定义要求，从笔者实践调试的结果来看，输出电感和电容产生的极点和理论计算相差较远，因此零点的位置及范围需要根据波特图波形走势来进行调整，初始设置需要根据理论计算，如下：

$$f_{LC} = \frac{1}{2\pi\sqrt{LC}}$$

$f_{z1} = 0.8 f_{LC}$，$f_{z2} = 1.2 f_{LC}$，将 f_{LC} 夹在两个零点中间消除其影响。

(2) 极点频率计算以及位置

极点的频率计算及位置安排需要根据 Buck 电路设计的目标带宽来定义，和 Buck 电路的开关频率也有一定的关系。Buck 电路的开关频率为 f_{sw}，理论上 Buck 电路的带宽范围为 $f_c = (0.1 \sim 0.2) f_{sw}$，这仅仅是理论上的要求。实际调试发现，不同家的 Buck PWM 控制器，由于反馈方式不同，带宽差别较大，TI 公司的 POL 采用 D-Cap 检测模式，带宽通常约为 $0.2 f_{sw}$；IR 公司的 Buck POL 采用电压或者电流反馈模式，带宽通常比较小，约为 $0.1 f_{sw}$；Volterra 公司的 POL 带宽能够做到超过 $0.2 f_{sw}$。

零极点及穿越频率的位置要求：

$$f_{z1} < f_{z2} < f_c < f_{esr} = f_{p1} < f_{p2}$$

f_{esr} 为输出电容串联等效电阻 ESR 以及电容造成的零点，同一规格的电容，f_{esr}

是固定的,并联再多的电容 f_{esr} 都一样。

f_{p1} 的作用是抵消 f_{esr} 的影响,因此,在调试时,尽量使 $f_{p1}=f_{esr}$。当然,输出电容有 Bulk 和 MLCC 电容,这里的 f_{esr} 到底是指哪种电容的特征频率呢?由于 Bulk 电容的零点频率通常比较小,范围在 20~80 kHz 之间,而 MLCC 电容零点频率通常为 800 kHz~30 MHz,已经超出了 TYPE3 的控制调节范围,所以,f_{esr} 指的是 Bulk 电容的特征频率。下面针对极点频率进行简单的说明。

f_{p1} 的计算:

$$f_{p1} = \frac{1}{2\pi R_2 (C_3 /\!/ C_1)}$$

C_3 和 C_1 是并列的关系,实际选取参数时,C_1 为高频电容,将会对高频信号进行适当的衰减,故 $C_1 \ll C_3$,因此上面的公式可以简化为

$$f_{p1} = \frac{1}{2\pi R_2 C_3}$$

f_{p2} 的计算:

$$f_{p2} = \frac{1}{2\pi R_3 C_2}$$

理论上,零极点的计算有一个放大系数 K 穿插在各个公式中,以便使各个频点位置和调试结果一致。笔者认为这没有必要,本书的目的在于方便读者更容易理解问题,要相信:Buck 电路的调试比设计更加重要,调试方向必须要正确,要用理论指导调试才能有助于对理论的理解。

6. TYPE3 零极点信号流程

(1) 低频信号流程

低频信号频率小于 f_{z1} 时,补偿网络增益由 Z_{C_1}/R_1 决定,其信号流程如图 5.25 所示。

(2) 中频信号流程

当输入信号频率在 $f_{z1} \sim f_{z2}$ 之间时,补偿网络增益 R_2/R_1 占主导地位;当输入信号频率在 $f_{z2} \sim f_{p1}$ 之间时,补偿网络增益 R_2/Z_{C_2} 占主导地位。中频信号流程如图 5.26 所示。

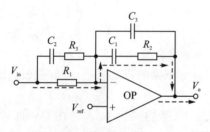

图 5.25 低频信号流程图

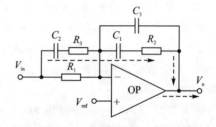

图 5.26 中频信号流程图

(3) 高频信号流程

当输入信号频率在 $f_{p1} \sim f_{p2}$ 之间时,补偿网络增益 R_2/R_3 占主导地位;当输入信号频率大于 f_{p2} 时,补偿网络增益 Z_{C_3}/R_3 占主导地位。高频信号流程如图 5.27 所示。

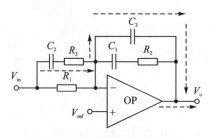

图 5.27 高频信号流程图

5.3 输入电感、电容对环路的影响

电源工程师设计 Buck 电路容易忽略一个问题:输入电感、电容的计算以及这两种组件对环路稳定性能的影响。这两种组件是根据作者自己多年的工作经验来取值的,即使做了多年 DC/DC 电源设计的工程师也未必都能充分理解输入电容、电感的设计要领。原因是 Buck 电路的环路稳定性能在任何教科书中都没有对这两种组件进行过详细的探讨和描述。

PWM 控制器的传递函数/增益用 $G_{\text{ain pwm}}$ 表示,公式如下:

$$G_{\text{ain pwm}} = \frac{V_{\text{in}}}{\Delta V_{\text{osc}}}$$

完整的 Buck 电路传递函数/增益用 $G_{\text{ain system}}$ 表示,公式如下:

$$G_{\text{ain system}} = \frac{R_1 + R_3}{R_1 R_3 C_3} \cdot \frac{\left(s + \dfrac{1}{R_2 C_1}\right)\left[s + \dfrac{1}{(R_1 + R_3)C_2}\right]}{s\left(s + \dfrac{C_3 + C_1}{R_2 C_3 C_1}\right)\left(s + \dfrac{1}{R_3 C_2}\right)} \cdot$$

$$\boxed{\frac{V_{\text{in}}}{\Delta V_{\text{osc}}}} \cdot \frac{1 + s\text{ESR}C_{\text{out}}}{1 + s(\text{ESR} + \text{DCR})C_{\text{out}} + s^2 L_{\text{out}} C_{\text{out}}}$$

ΔV_{osc} 是 PWM 控制器中的基准参考电压。理论上,$G_{\text{ain pwm}}$ 是一个常数,实际这是一个错误的认识,输入电压 V_{in} 其实和负载特性有比较大的关系,特别是在做动态拉载和 DVID 时,V_{in} 会有较大的扰动,造成输出的增益会变化较大,输入电压 V_{in} 的幅值下降,将会直接造成系统增益 $G_{\text{ain system}}$ 减小,Buck 电路的带宽减小,反应变慢,出现低频谐振。原因如下:

正常情况下,V_{in} 的电压范围为 11.4~12.6 V,平均值为 12 V。在 DVID 状态下,如果 V_{in} 的最小电压为 10.5 V,则 V_{in} 幅值下降 1.5 V,减少比重为(1.5 V/12 V)×100%=12.5%;根据 $G_{\text{ain system}}$ 计算公式,增益减少 12.5%,对环路稳定性能的影响也

为 12.5%。同样,输入电容越少,输入电压就会越不稳定,以实测为例:输入电压为 12 V,输出电压为 5 V,负载电流为 15 A。

① 输入电感、电容原理如图 5.28 所示:输入电容为 4 颗 22 μF,输入电压为 200 nH。

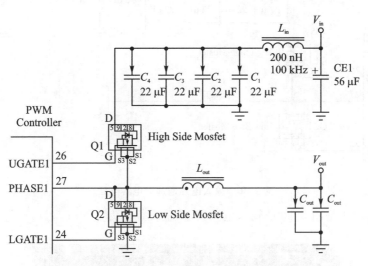

图 5.28 Buck 电路输入 MLCC 电容电路

② 图 5.29 所示为输入电压不稳定的现象:最大扰动达到 2.92 V。

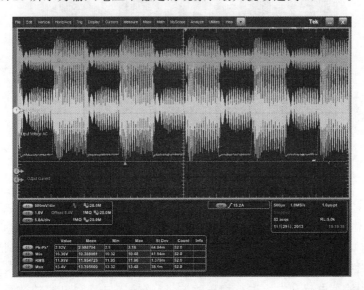

图 5.29 输入电压扰动波形

③ 增加输入电容的容量,电路如图 5.30 所示:输入增加 2 颗 56 μF 的 Bulk 电容。

第5章 主板 Buck 电路环路稳定性能分析

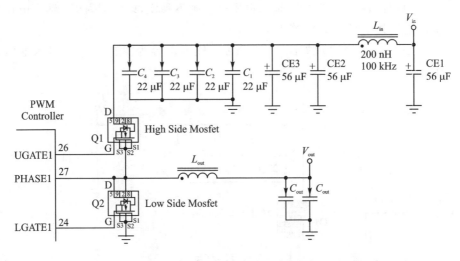

图 5.30 输入电容增加大电容电路

④ 图 5.31 是图 5.30 的输入电压波形,最大扰动为 216 mV。

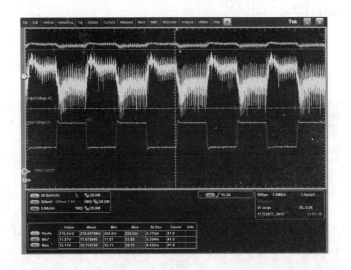

图 5.31 增加大电容后输入电压波形

总结:输入电压不稳定,会造成 Buck 电路不稳定,比补偿回路参数设计不合理带来的影响要大,即使通过调试补偿回路也不能解决问题。怎样才能保证输入电压稳定呢?有两种措施:

① 采用输入电感和电容进行稳压滤波,调整输入电感和电容的数量及参数,使输入动态纹波最小化。

② PCB 布局设计时,将输入电容尽量靠近 Buck 电路上管的漏极,输入电容的大地到功率大地的回路越短越好。

5.4 输出电感、电容对环路的影响

Buck 电路的设计中,和环路稳定性能有关系的因素:输出电感和输出电容组成的 LC 回路、反馈补偿回路(重点是 TYPE3 结构),以及 PWM 控制器参考电压 Vramp 和输入电压。针对这三部分,后续会逐一进行说明。先来分析输出 LC 回路。

5.4.1 输出电感对环路稳定性能的影响

输出 LC 回路的时域模型及变换如图 5.32 所示。

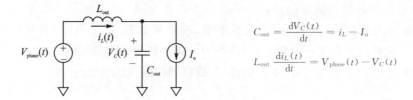

图 5.32 输出 LC 简化时域电路

经过傅里叶频域变换以及拉普拉斯的矢量 s 变换如图 5.33 所示。

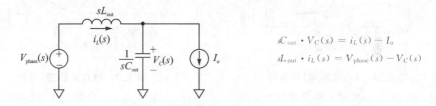

图 5.33 输出 LC 简化频域电路

时域分析比较复杂,设计时大多采用频域和矢量来作分析,如图 5.34 所示。

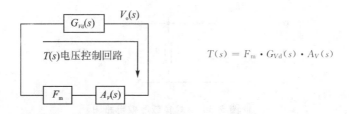

图 5.34 LC 矢量方框图

上面的分析没有考虑 ESR 和 DCR 的影响,实际等效电路如图 5.35 所示。

图 5.35 中,ESR 是输出电容的串联等效电阻,DCR 是输出电感的直流阻抗,将图中的公式看成输出电容和电感的分压的一个等式,比较容易分析和理解。

$$V_o = \frac{V_{phase}\left(\mathrm{ESR} + \frac{1}{j\omega C_{out}}\right)}{\mathrm{ESR} + \frac{1}{j\omega C_{out}} + \mathrm{DCR} + j\omega L_{out}}$$

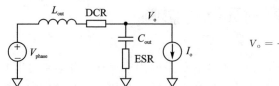

图 5.35　LC 传递函数简化电路图

LC 的传递函数用拉普拉斯表达如下：

$$H(s) = G_{ain\ LC} = \frac{1 + s \cdot \mathrm{ESR} \cdot C_{out}}{1 + s(\mathrm{ESR} + \mathrm{DCR})C_{out} + s^2 L_{out} C_{out}}$$

LC 的开环增益波形趋势：

- 不考虑输出电容 ESR 零点的影响，波特图如图 5.36 所示（将幅频特性和相频特性整合在一个图上）。曲线①为幅频特性，曲线②为相频特性。
- 考虑输出电容 ESR 零点的影响，波特图如图 5.37 所示。

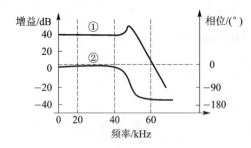

图 5.36　LC 波特图（不考虑电容 ESR 的影响）

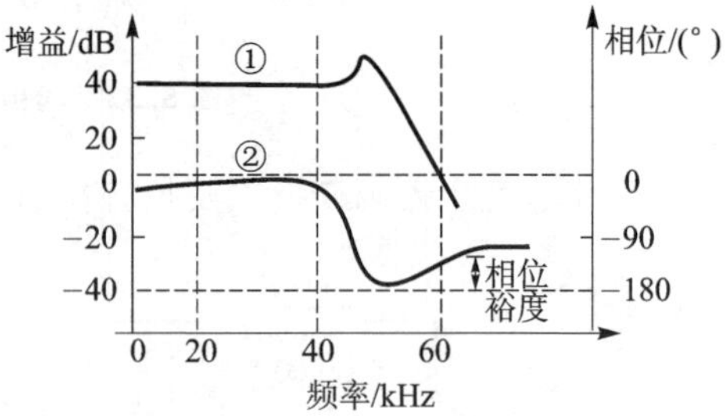

图 5.37　LC 波特图（考虑电容 ESR 的影响）

LC 回路在增益曲线的转折处，通常会有双极点，且极点的位置与电感的 Q 值有关。Q 值越大，突起就越高，考虑到负载的影响，如图 5.38 所示。

$$Q = \frac{R_o}{\omega_o L_{out}}$$

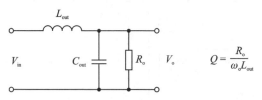

图 5.38　LC 负载等效电路图

如果考虑 RLL 的影响，可以用下面的公式进行推导和计算：

$$Q = \frac{1}{\omega_o} \cdot \frac{1}{\frac{L_{out}}{R_L} + \mathrm{RLL} \cdot C_{out} + R_o C_{out}}$$

如果用电感的 $R_{tau}C_{tau}$ 检测网络优化，则公式如下：

第 5 章 主板 Buck 电路环路稳定性能分析

$$Q = \frac{1}{\omega_\circ} \cdot \frac{1}{R_{\text{tau}} C_{\text{tau}} + \text{RLL} \cdot C_{\text{out}} + R_\circ C_{\text{out}}}, \quad \omega_\circ = \frac{1}{\sqrt{L_{\text{out}} C_{\text{out}}}}$$

式中，R_L 是输出电感的 DCR；RLL 是负载线性特征阻抗；$R_\circ$ 是负载等效电阻。

上面的公式是 LC 积分的时间和电路各个积分时间的比值（一个是电流采样时间，一个是 RLL 和电容形成的迟滞时间，一个是负载和输出电容的积分时间），这个比值越大则 Q 越大，过冲电压就会越大。输出电感、电容的 Q 值对输出电压的影响如图 5.39 所示。

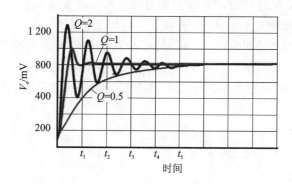

图 5.39　LC 的 Q 值对输出电压的影响

Q 越大，输出电压过冲也会越大；但是 Q 也不能太小，如果 Q 太小，那么 VR 的带宽就小，反应就会慢。

5.4.2　输出电容对环路稳定性能的影响

输出电容的计算与输出电压纹波和动态有直接的关系，在此仅讨论输出电容和环路稳定性的关系。

输出电容分为两种：Bulk 电容和 MLCC 电容。其中，Bulk 电容对低频影响较大，对环路带宽影响很明显，而且电容越大，理论上带宽越小（输出电感、电容的谐振频率会变低）。一旦电容规格确定，电容的 ESR 和容量形成的零点频率就固定了，原因是每个输出电容的 ESR 与其电容的乘积是定值，电容并联得再多，产生的零点都不会有变化。MLCC 对 Bulk 的高频影响较大，当负载做动态时，MLCC 表现为放电功能，以弥补 Bulk 在瞬态时的供应能量不足。

5.4.3　CPU Loadline 与 DIMM Loadline 对环路稳定性能的影响

从主板电源设计来分析，Intel 公司对 CPU Loadline 的设定和要求，规格参考 Intel Spreadsheet，而 DIMM VRM 没有指导说明文件，那么，DIMM VRM 是否可以设定 Loadline 呢？回答是肯定的，特别是数量比较多、功率比较大的 DIMM，设定 Loadline 更容易满足 XXX_Memory_Power_Delivery_Test_Plan_Rev. XX。设定 Loadline 多少合适呢？通常根据需求决定，目前大多设定为 0.5 mΩ 比较适宜。本

第 5 章 主板 Buck 电路环路稳定性能分析

章的重点是分析 Loadline 对环路的影响。为了方便说明,后面的描述中定义 RLL 为 Loadline。

从原理上来讲,RLL 对环路稳定性能一定会有影响,实际测量也发现了这种情况。从 PWM 控制器原理来分析,目前设定 RLL 有两种情况。

1. 模拟电路设置

图 5.41 中,模拟电路 RLL 采用的是虚拟电压控制模式,控制原理是根据总的负载电流比例系数 K 来进行的,PWM 控制器通过采样输出电流大小,通过 PWM 控制器进行汇总以后,按照比例系数 K 来调节可控恒流源 KI_L 的大小,反馈到 TYPE3 的 R_1。此反馈信号和输出电压 V_{out} 反馈到 R_1 两端的电流方向相反,从而减小输出电压 V_{out} 的反馈量,虚拟报告给 PWM 控制器输出电压的大小,使 PWM 控制器调整占空比来调整输出电压的大小。将图 5.40 的反馈电路进行简化,如图 5.41 所示。

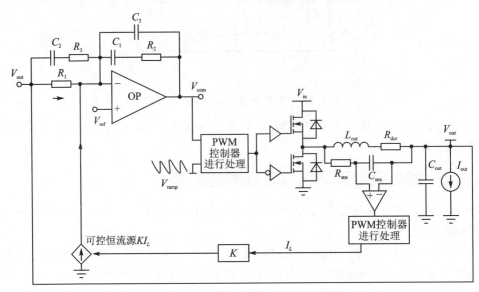

图 5.40　模拟 RLL 设置电路

根据原理图和运算放大器原理,推导传递公式:

$$V_{com} = V_{ref} + \left(\frac{V_{ref} - V_{out}}{Z_b} - KI_L\right)Z_a$$

根据 PWM 控制原理,当 V_{out} 减小,V_{com} (负值)将会增大,由于负反馈原理,PWM 控制器调节占空比增大,输出电压将会增大;当 V_{out} 增大时,输出电压将会减小。同样的道理,当 I_L 增大时,V_{com} 减小,由于负反馈原

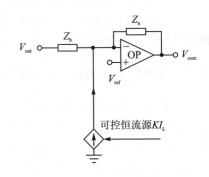

图 5.41　模拟 RLL 设置简化电路

第 5 章　主板 Buck 电路环路稳定性能分析

理,PWM 控制器调节占空比减小,输出电压减小。实际上,这种控制方法是通过虚拟减小反馈量进行的。理论上,输出电压应该和 V_{ref} 相等,实际是通过变相减小或者增加反馈量来改变输出电压和 V_{ref} 的关系,以达到设计要求。

[**举例说明**] 设计要求:输出电压为 1.00 V,输出电流为 30 A,RLL 为 1 mΩ。

根据 PWM 控制原理,输出电压理论上应该等于 V_{ref},30 A 负载条件下,RLL 对电压 VLL 的影响为

$$VLL = 30\ A \times 1\ m\Omega = 30\ mV$$

根据原理图,控制流程为:30 A 的电流流经输出电感,通过 R_{sns} 和 C_{sns} 进行 R_{dcr} 电流检测,通过 PWM 控制器进行汇总以后,来控制恒流源 KI_L 的大小。正常情况下,输出电压应该为 1.00 V,当 KI_L 作用以后,V_{com} 将会减小,PWM 控制器将会调节占空比,使输出电压减小到 0.97 V,而不是 1.00 V。

模拟 RLL 设置对增益及相位的影响:

① RLL 在低频段对增益有较大的影响。RLL 越小,低频增益将会越大,相当于 R_1 增大一样。实际理论:R_1 越大,低频增益会越小,相位裕度也会越大。因为 R_1 越大,第一个零点和极点的距离就会越远,相位裕度也会越大。只是当 RLL 达到一定值以后,对相位的影响应该是非常接近的,比如:RLL=0.5 mΩ 和 RLL=1 mΩ,对相位的影响非常接近,差异较小。

② 增益方面的影响需要根据没有 RLL 时的 ΔV_1 和 RLL 的比值来决定。比如 RLL 影响的电压幅值为 ΔV_2=30 mV,而 ΔV_1 的规格为 200 mV,那么 RLL 对增益的影响为 $(\Delta V_2/\Delta V_1) \times 100\%$=15%;如果 ΔV_2=100 mV,那么影响就为 50%。如果通过增益表现出来,也可以类似于没有 RLL 时低频增益为 65 dB,如果 ΔV_2=100 mV,那么对增益的影响就为 65 dB−65 dB×50%=32.5 dB。

当然,上面的计算只是推导,实际影响需要根据传递函数来计算,电路简化如图 5.42 所示。

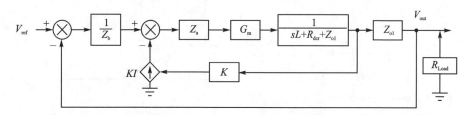

图 5.42　模拟 RLL 设置简化电路模型

PWM 控制器的增益为 $G_m = V_{in}/\Delta V_{ramp}$,$K$ 为电流检测增益系数,K=RLL/R_1,图 5.42 电压传递函数为

$$G = \frac{R_{Load}}{K \times R_1} \frac{(1+sC_{out}R_{esr})[1+sC_2(R_1+R_3)]}{[1+sC_{out}(R_{esr}+R_{Load})]\left(1+\dfrac{sL_{out}}{R_2 G_m K}\right)(1+sC_3 R_2)(1+sC_2 R_2)}$$

电流传递函数为

$$G = \frac{G_m K}{sC_1 R_1} \cdot \frac{(1+sC_{out}R_{Load})(1+sC_1 R_2)}{1+s\left(\dfrac{L_{out}}{R_{Load}}+C_{out}R_{esr}+C_{out}R_{dcr}\right)s^2 L_{out}C_{out}(1+sC_3 R_2)}$$

式中，R_{esr} 为输出电容串联等效电阻；R_{Load} 为负载阻抗。

2. 数字设定

数字电源控制比模拟电源控制简单一点，但是原理一样。理论上来分析，数字电源中 RLL 对环路稳定性能波形应该没有影响，如果不是纯数字电源控制方式，影响程度与模拟是一样的，比如 TI 公司的 TPS53641 就属于这种情况。

5.5 补偿回路相位计算

相位的计算是一个相对的概念，需要有一个参照频率才能准确描述，比如：电流滞后电压相位 x，表示以电压波形为参照，电流滞后 x；输出信号滞后 y，表示输出信号相对输入信号而言，相位滞后 y。因此，相位滞后和超前都是相对于某一个频率或者具体的信号而言，TYPE3 的相位滞后和超前的概念也一样。

为了有助于相位的计算和理解，先从微积分零极点相位的计算开始。

1. 微分电路

RC 微分电路图如图 5.43 所示，信号 U_i 通过 C 和 R 分压以后转换成 U_o。
RC 微分电路幅频、相频特性曲线如图 5.44 所示。

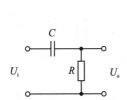

图 5.43　RC 微分电路图

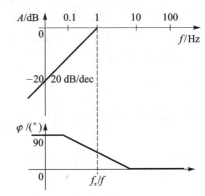

图 5.44　RC 微分电路幅频、相频特性曲线

超前相位计算（f 为 U_i 输入信号频率）：

$$\varphi = \arctan\frac{f_z}{f}$$

2. 积分电路

RC 积分电路图如图 5.45 所示。

RC 积分电路幅频、相频特性曲线如图 5.46 所示。

滞后相位(f 为 U_i 输入信号频率):

$$\varphi = -\arctan \frac{f}{f_p}$$

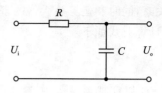

图 5.45　RC 积分电路图

TYPE3 补偿回路相位计算:TYPE3 补偿有 2 个极点和 2 个零点,按照零极点的位置,要求:$f_{z1} < f_{z2} < f_c < f_{esr} \leqslant f_{p1} < f_{p2}$。

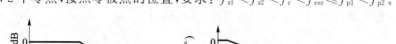

图 5.46　RC 积分电路幅频、相频特性曲线

前面的章节讲到了零极点的频率计算以及增益计算,下面重点介绍 TYPE3 相位的计算。

3. TYPE3 的相位计算

TYPE3 电路原理图如图 5.47 所示。

通过简化,零极点公式如下:

$$f_{z1} = \frac{1}{2\pi R_2 C_1}, \qquad f_{z2} = \frac{1}{2\pi R_1 C_2}$$

$$f_{p1} = \frac{1}{2\pi R_2 C_3}, \qquad f_{p2} = \frac{1}{2\pi R_3 C_2}$$

TYPE3 电路幅频、相频特性曲线如图 5.48 所示。

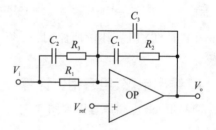

图 5.47　TYPE3 电路图

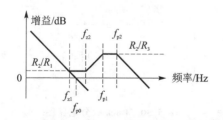
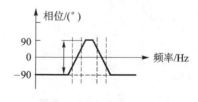

图 5.48　TYPE3 电路幅频、相频特性曲线

TYPE3 零极点相位计算:TYPE3 由电阻、电容和运算放大器组成,运算放大器反相 180°,加上 TYPE3 的原始极点造成的相位滞后。原始极点是如何定义的呢?根据电路特性,图 5.48 中,原始极点是第一条斜线,如果没有第一个零点 f_{z1} 转折,第一条斜线将会和 x 轴有个交点,这个交点就是原始极点,原始极点和电容 C_1 有较大

第5章 主板 Buck 电路环路稳定性能分析

的关系,同时和运算放大器的寄生参数也有关联,计算比较复杂,忽略寄生参数的影响,计算公式如下:

$$f_{p0} = \frac{1}{2\pi R_1 C_1}$$

① 以穿越频率 f_c 为参照点,原始极点相位滞后计算如下:

$$\theta_1 = -\arctan\frac{f_c}{f_{p0}}$$

② 以穿越频率 f_c 为参照点,极点相位滞后计算如下:

$$\theta_2 = -\arctan\frac{f_c}{f_{p1}} - \arctan\frac{f_c}{f_{p2}}$$

③ 以穿越频率 f_c 为参照点,零点相位超前计算如下:

$$\theta_3 = \arctan\frac{f_{z1}}{f_c} + \arctan\frac{f_{z2}}{f_c}$$

④ TYPE3 的相位滞后计算如下:

$$\theta_0 = 180° + \theta_1 + \theta_2 - \theta_3 =$$
$$180° + \arctan\frac{f_c}{f_{p0}} + \arctan\frac{f_c}{f_{p1}} + \arctan\frac{f_c}{f_{p2}} -$$
$$\arctan\frac{f_{z1}}{f_c} - \arctan\frac{f_{z2}}{f_c}$$

在设计 TYPE3 补偿回路时,必须先确定穿越频率 f_c 的大小,再计算滞后的相位。

4. 输出电感、电容相位计算

简易 Buck 电路原理图如图 5.49 所示。图 5.49 简化后如图 5.50 所示。

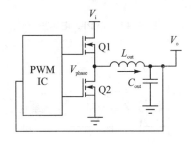

图 5.49 简易 Buck 电路图

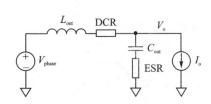

图 5.50 Buck 微分电路图

零极点公式:

① LC 形成的极点频率:

$$f_{LC} = \frac{1}{2\pi\sqrt{L_{out}C_{out}}}$$

② 输出电容 ESR 和容量形成的零点频率计算公式:

$$f_{\text{cesr}} = \frac{1}{2\pi \text{ESR} C_{\text{out}}}$$

输出电感、电容幅频、相频特性曲线如图 5.51 所示。

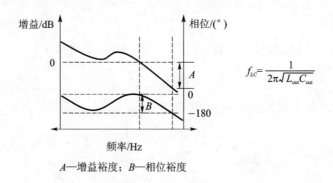

A—增益裕度；B—相位裕度

图 5.51 输出电感、电容幅频、相频特性曲线

相位计算：

① LC 形成双极点，相位滞后最大为 180°。

② 输出电容 ESR 和容量形成的零点相位超前计算如下：

$$\theta_{\text{co}} = \arctan \frac{f_{\text{esr}}}{f_c}$$

③ LC 电路相位滞后计算：

$$\theta_0 = 180° - \theta_{\text{co}} = 180° - \arctan \frac{f_{\text{esr}}}{f_c}$$

5. PWM 控制器相位滞后的计算

① Buck 电路场效应管上管和下管死区时间造成的延时形成滞后相位；

② 如果是数字电源，A/D 转换也会造成延时形成相位滞后。

这两种情况的相位滞后和 PWM 控制器的设计有关系，滞后的相位角度需要根据实际测试的结果来推导。

负载阻抗和输出电容形成极点相位滞后频率计算公式如下：

$$f_L = \frac{1}{2\pi \cdot R_L \cdot C_{\text{out}}}$$

滞后相位的计算方法和上面一样，请读者自行推算。

5.6 Buck 电路环路稳定性能特征

Buck 电路主要由 PWM 控制器、输出电感电容网络和 TYPE3 RC 补偿三部分构成，而 PWM 控制器一旦确定下来，电气特性就已经固化，影响 Buck 电路的环路稳定性能就由 LC 网络和 TYPE3 RC 补偿来决定了。

第 5 章 主板 Buck 电路环路稳定性能分析

在整个回路中，LC 网络和 TYPE3 RC 补偿是一个乘法叠加原理，这一点可以从传递函数中容易理解。

PWM 控制器的传递函数/增益用 $G_{\text{ain pwm}}$ 表示，公式如下：

$$G_{\text{ain pwm}} = \frac{V_{\text{in}}}{\Delta V_{\text{osc}}}$$

输出电感电容 LC 的传递函数/增益用 $G_{\text{ain LC}}$ 表示，公式如下：

$$H(s) = G_{\text{ain LC}} = \frac{1 + s\text{ESR}C_{\text{out}}}{1 + s(\text{ESR} + \text{DCR})C_{\text{out}} + s^2 L_{\text{out}} C_{\text{out}}}$$

TYPE3 RC 补偿回路传递函数/增益用 $G_{\text{ain RC}}$ 表示，公式如下：

$$G_{\text{ain RC}} = \frac{R_1 + R_3}{R_1 R_3 C_3} \cdot \frac{\left(s + \dfrac{1}{R_2 C_1}\right)\left[s + \dfrac{1}{(R_1 + R_3)C_2}\right]}{s\left(s + \dfrac{C_3 + C_1}{R_2 C_3 C_1}\right)\left(s + \dfrac{1}{R_3 C_2}\right)}$$

将这三部分合起来就是整个环路的传递函数/增益，公式如下：

$$G_{\text{ain system}} = \frac{R_1 + R_3}{R_1 R_3 C_3} \cdot \frac{\left(s + \dfrac{1}{R_2 C_1}\right)\left[s + \dfrac{1}{(R_1 + R_3)C_2}\right]}{s\left(s + \dfrac{C_3 + C_1}{R_2 C_3 C_1}\right)\left(s + \dfrac{1}{R_3 C_2}\right)} \cdot$$

$$\frac{V_{\text{in}}}{\Delta V_{\text{osc}}} \cdot \frac{1 + s\text{ESR} \cdot C_{\text{out}}}{1 + s(\text{ESR} + \text{DCR})C_{\text{out}} + s^2 L_{\text{out}} C_{\text{out}}}$$

由于使用的是对数格式，LC 传递函数和补偿回路的传递函数是加法运算，合成过程如图 5.52 所示。

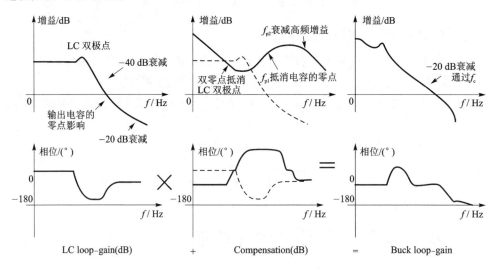

图 5.52 Buck 电路幅频、相频特征曲线合成过程

上面的计算以及波形演示都是一种纯理论推导，实际测试的波形频谱比较丰富，波形没有这样直观，走势不是很平缓，但是趋势是一致的，希望读者好好研究一下。

第5章 主板 Buck 电路环路稳定性能分析

Buck 电路设计中,输出电容仅仅使用 MLCC 就可以满足设计要求,其原因是 Buck 电路使用 TYPE3 反馈,动态响应比较快,调节比较灵活。另外,Buck 电路的带宽通常只有 50 kHz 左右,对输出电容的 ESR 并没有太敏感,但是,Buck 输出电容由于容量比较大,和输出电感适配时,将会大大降低带宽。考虑到这个因素以及动态要求,Buck 电路的输出电感纹波设计分为两部分:

① 对于拉载斜率比较高的负载,比如 CPU 和内存记忆体,要求输出电感比较小,通常电感电流 $\Delta I = (40\% \sim 60\%)$ TDC,有的甚至达到 80%。

② 对于拉载电流比较小的负载,要求电感电流 $\Delta I = (20\% \sim 30\%)$ TDC。

下面是 Buck 电路波特图的实际测量说明:

① 轻载时,相位裕度测试参考图 5.53。

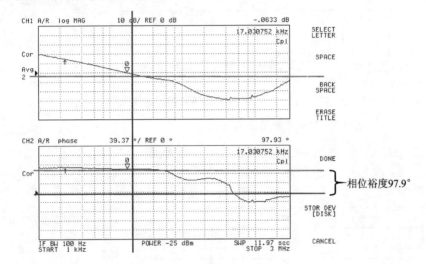

图 5.53　实际测量轻载相频曲线

② 轻载时,增益裕度测试参考图 5.54。

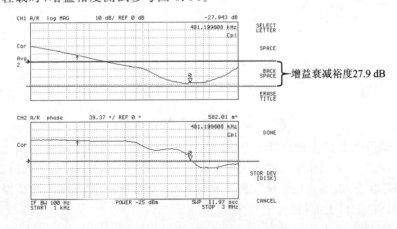

图 5.54　实际测量轻载幅频曲线

第5章 主板 Buck 电路环路稳定性能分析

③ 满载时,相位裕度测试参考图 5.55。

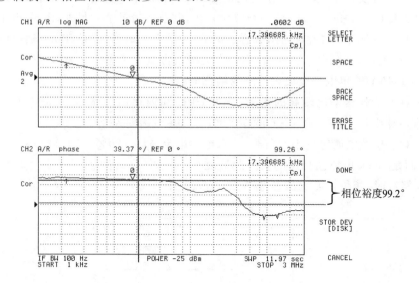

图 5.55 实际测量满载相频曲线

④ 满载时,增益裕度测试参考图 5.56。

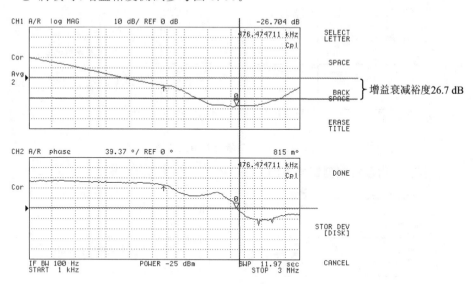

图 5.56 实际测量满载幅频曲线

⑤ 相位裕度指的是增益等于 0 dB 时,实际测试到的相位角度和 360°比较而言的相位差,这个差就是相位裕度。理论上要求相位滞后不大于 360°。这仅仅是环路稳定的临界状态,属于亚稳定状态。为了使 Buck 电路更加稳定,要求相位滞后不能超过 315°,留 45°以上的裕度。

⑥ 增益裕度指的是相位等于 0°时,实际测试到的增益的大小和 0 dB 比较的差

额。理论上要求增益衰减为 0 dB 以下。这仅仅是环路稳定的临界状态,属于亚稳定状态。为了使 Buck 电路更加稳定,要求裕度在 10 dB 以上,也有的定义为 6 dB,需要根据客户的要求调整规格。

5.7 LDO 电路环路稳定性能特征

LDO 简化原理图如图 5.57 所示,实际上是由运算放大器、晶体管(场效应管)组成。

LDO 需要考核的基本参数如下:

① 输出电压;
② 最大输出电流;
③ 输入、输出电压差;
④ 接地电流——静态工作电流;
⑤ 负载调整率 $\Delta V_L = \Delta V_{out}/\Delta I_{out}$;
⑥ 线性调整率 $\Delta V_{LINE} = \Delta V_{out}/\Delta V_{in}$;
⑦ 电源抑制比:

$$\mathrm{PSRR(dB)} = 20 \times \log \left[\frac{\Delta L_i \text{ or Ripple(input)}}{\Delta V_o \text{ or Ripple(out)}} \right]$$

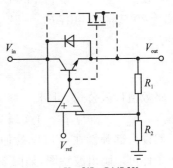

图 5.57 LDO 简化原理图

指的是测试信号频率在 120 Hz 时的纹波抑制比。

⑧ P_D 与 T_J 公式如下:

$$P_D = (V_{in\,max} - V_{out\,min}) \times I_{out\,max}$$

$$T_J = T_C + \theta_{JC} \times P_D$$

LDO 调试如果没有配匹合理就会出现空载振荡,波形如图 5.58 所示。

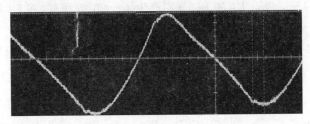

图 5.58 LDO 空载振荡时输出电压的波形

5.7.1 LDO 零极点的分布

由于负载阻抗和输出容抗的影响,LDO 会存在低频极点,该极点也称为负载极点,用 PL 表示。负载极点频率由下式给出:

$$f_{PL} = \frac{1}{2\pi R_{load} C_{out}}$$

第 5 章 主板 Buck 电路环路稳定性能分析

传统三端稳压器采用 PNP 作为调整管,其内部调整管为共集电极连接方式,所以输出阻抗很低,往往在较高频率处才产生极点(也称为功率极点),因此,通常采用在低频处添加主极点的方式来作为补偿。目前,LDO 稳压器中的 PNP 调整管一般为共射极接法,输出阻抗较高,若采用添加主极点的方式,则不能良好地对环路加以补偿。下面用一个例子来解释原因。

假设一个 5 V/250 mA 的 LDO,直流增益为 40 dB。最大负载电流时的输出阻抗 $R_L = 20\ \Omega$,输出电容 $C_{out} = 22\ \mu F$。在最大负载电流时负载极点 PL 的频率由下式给出:

$$f_{PL} = \frac{1}{2\pi R_{load} C_{out}}$$

将数值代入公式,可得

$$f_{PL} = 1/(2\pi \times 20 \times 22 \times 10^{-6})\,Hz = 200\ Hz$$

假设内部补偿在 1 kHz 处加了一个极点(P1),功率极点出现在 500 kHz 处,由上述条件可以画出波特图,如图 5.59 所示。

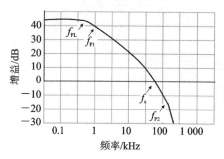
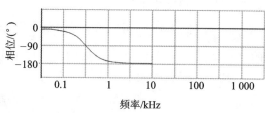

图 5.59 LDO 波特图(不考虑 ESR 影响)

由图 5.59 可知,极点 P1 和 PL 分别产生了 $-90°$ 的相移,在 50 kHz 的 0 dB 处总相移为 $-180°$,环路是不稳定的。

LDO 的环路补偿可以通过添加零点来实现,该零点通过输出电容的 ESR 来获得,公式如下:

$$f_z = \frac{1}{2\pi \cdot ESR \cdot C_{out}}$$

假设输出电容 $C_{out} = 22\ \mu F$,$ESR = 250\ m\Omega$,代入上面的公式,零点出现在 30 kHz 处。

如图 5.60 所示,系统的带宽增加了,单位增益 0 dB 频率从 40 kHz 增加到 120 kHz。零点在 120 kHz 处共增加了 81° 的相移。500 kHz 处的功率极点在 120 kHz 处造成了 $-11°$ 的相移。累加所有零极点相移,总相移为 $-110°$。相位裕度为 70°,系统是稳定的。

LDO 电源设计中,要求其输出电容的 ESR 在一定范围内以保证输出的稳定性,从图 5.60 可以看出,ESR 太高或太低都会对环路稳定产生不良影响,同样使用上面

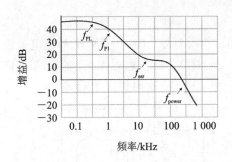
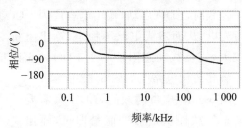

图 5.60　LDO 波特图(考虑 ESR 影响)

的例子,若输出电容的 ESR 增加到 500 mΩ,零点频率降低到 16 kHz。带宽从 100 kHz 增加到 1 MHz,于是功率极点进入了带宽以内,相位滞后将会更加严重,环路稳定性能下降。

如果将零点和 P1、PL 中任意一个极点拿掉,环路增益几乎不变,则环路增益只受到一个低频极点与功率极点的共同影响,此时相位裕度为 14°。由于其他高频极点的影响,系统很可能被引入不稳定,若 ESR 很低,仅为 50 mΩ,零点频率为 160 kHz,落在带宽以外,则对环路增益不能产生影响,于是总相移为 $-180°$,LDO 输出不稳定。LDO 的稳定和输出电容的 ESR 有关,下面讨论输出电容的选择。

输出电容的 ESR 是起到对 LDO 进行环路补偿的作用,基本上所有 LDO 应用中的振荡都是由于输出电容的 ESR 过高或过低导致的。通常,较大容值的陶瓷电容 MLCC($\geqslant 1\ \mu F$)都有着极低的 ESR($\leqslant 20\ m\Omega$),这几乎会使所有 LDO 产生振荡,若要选用陶瓷电容,就要串联电阻以增加 ESR。

服务器主板电源设计中大多使用 MLCC 电容,在设计 LDO 输出时,必须小心谨慎,电容尽量不要多,适可而止,电容的 ESR 不要太小。

5.7.2　影响 LDO 环路不稳定的根本原因

1. LDO 的基本电路图

对图 5.61 进行微分,轻载时等效电路图如图 5.62 所示。

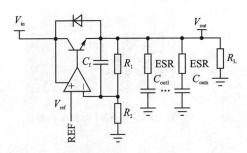

图 5.61　LDO 完整原理图

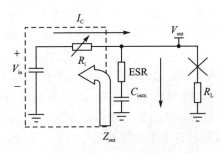

图 5.62　LDO 简化电路图

2. LDO 轻重载环路稳定性能分析

轻载时，LDO 启动，输出电容成为 LDO 的负载，需要 LDO 提供较大的充电电流进行充电，从而造成电路不稳定，输出阻抗 $Z_{out} = R_{V_{in}} + R_i$。这时 LDO 的输出阻抗比较大，当负载动态阻抗小于 LDO 输出阻抗时，LDO 的输出将会不稳定。

满载简化电路图如图 5.63 所示。

图 5.63 中，当满载时，LDO 只需要对动态负载提供足够的能量即可，输出阻抗 $Z_{out} = ZC_{out} // (R_{V_{in}} + R_i)$，VR 的输出阻抗比轻载时要小，只要输出阻抗 Z_{out} 小于负载动态阻抗，LDO 就会稳定。因此，设计时读者要考虑这个问题，并且计算负载的动态阻抗，如下：

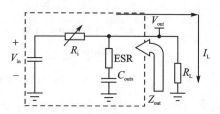

图 5.63 LDO 满载简化电路图

$$R = \frac{\Delta V}{\Delta I}, \quad Z_{out} = \frac{\Delta V}{\Delta I}$$

式中，ΔV 是 LDO 的电压交流规格；ΔI 是动态电流步进。

5.8 环路测试原理

环路增益的测试设备，市场上有多个厂家，笔者使用的是 Agilent 的 4395A。关于测试的操作和测试的原理在此不做讲解，仅对测试的信号流程进行简单的介绍。

5.8.1 环路测试仪器 Agilent 4395A

5.8.2 测试原理

图 5.64 的图片出自 Agilent 的 4395A 说明书，是测试 PSU 的典型应用接法。测试原理说明如下。

图 5.65 中，T1 是需要额外购买的 1∶1 的电流型隔离变压器，4395A 的 RF 信号通过变压器隔离发出；RF 信号是一个标准的正弦波，在扫描待测 VR 时，其频率会变化；变化的步进可以设定，RF 信号设置好以后，通过 R 通道（隔离变压器 T1 的正端）发送到误差放大器（Error Amplifier）；通过 PWM 控制器、Buck 电路的开关管送

图 5.64 Agilent 4395A 测量仪

到功率脉冲变压器，最后传送到输出；通过反馈回路回到 4395A 的 A 通道（隔离变压器 T1 的负端）。4395A 通过采集到的反馈信号就可以对输出/输入信号进行幅值和

相位的比较,得出 PSU 的幅频特性和相频特性图。

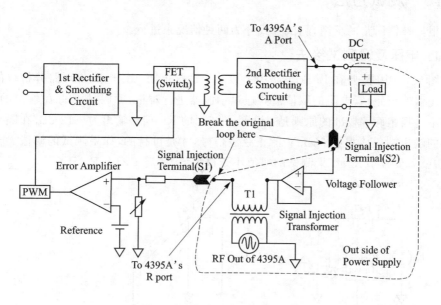

图 5.65　环路测试信号接入图

RF 信号及适配 RS 的计算：在有线通信规范中,RF 信号 1 mW 基准值的定义：在 600 Ω 的电阻上耗散 1 mW 功率,电阻上的电压有效值为 0.775 V,所流过的电流为 1.291 mA。取作基准值的 1 mW 称为零电平功率；0.775 V 称为零电平电压；1.292 mA 称为零电平电流。计算公式如下：

$$P_m = P_V + 10\lg \frac{600}{Z} \quad (\text{dBm})$$

$$P_V = 20\lg \frac{U}{0.775} \quad (\text{dBu})$$

[举例说明] 使用 −13 dB 的 RF 信号测试环路,隔离变压器负边端匹配电阻 $R = 50$ mΩ,通过公式计算如下：

$$-13 \text{ dBm} = 10\lg(P/1 \text{ mW})$$

得出 $P = 0.05$ mW。

再根据 $P = V^2/R_s$ 计算电压：

$$V = (50 \times 0.05 \times 1\ 000)^{1/2} \text{ mV} = 50 \text{ mV}$$

同理,−30 dBm 对应计算电压为 7.07 mV。如果将配匹电阻改为 20 Ω,计算需要倒推：

$$R_s = 20 \text{ Ω}, \quad V = 50 \text{ mV}$$

得到 $P = 0.125$ mW。

5.8.3 测试方法

根据补偿回路的反馈,测试方式分为两种情况来进行。

1. 电压反馈测试接法

图 5.66 中,需要在 Buck 电路中串接一个适配电阻。该电阻与环路分析仪的隔离变压器输出并联,电阻的取值需要通过示波器进行矫正,原因是 4395A 输出的 RF 信号不是很精确。校准的原则是:设置 4395A 的 RF 信号输出为 -13 dB,在隔离变压器的输出端应该得到 50 mV 的正弦波信号,才是可行的,如果测试的幅值大于这个值,就需要减小 R_s;如果测试的幅值小于这个值,就需要增大 R_s。

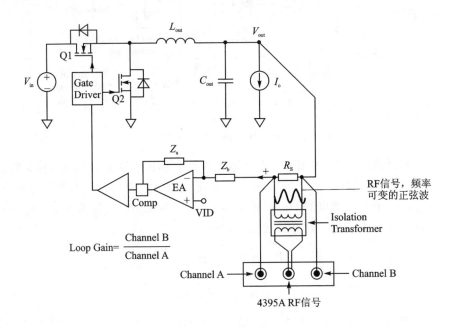

图 5.66 电压反馈环路测试原理图

2. 电压和电流反馈测试接法(见图 5.67)

电流回路和电压回路的测试原理一样,只是测试点不同,有些电流反馈根本就没有办法测量,只能测试电压反馈回路的幅频特性和相频特性。另外,TI 公司的 D-Cap 的反馈使用的不是运算放大器,而是比较器。这类 PWM 控制器没有办法测量回路的幅频特性和相频特性。适配电阻 50 Ω 可能会导致输出电压偏高,如果影响较大,超出 10% 以上,需要将适配电阻减小到 20 Ω,同时增加环路分析仪器的供应输出功率,一直增加到可以满足测试要求为止,然后再进行测试。

第5章 主板 Buck 电路环路稳定性能分析

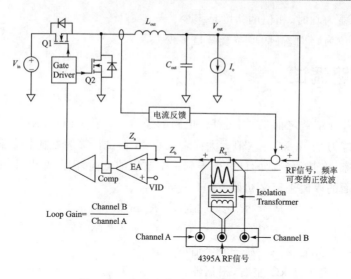

图 5.67 电压和电流反馈测试原理图

5.8.4 测试任务

环路分析仪测试回路的幅频特性和相频特性时,需要在三种条件下进行测试:空载、半载和满载。有些客户对半载没有要求,只需要测试空载和满载即可,如图 5.68 所示。

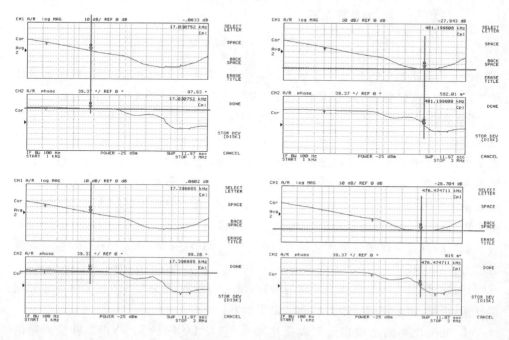

图 5.68 测试结果

① 当增益为 0 时,相位的裕度是多少。
② 当相位为 0°时,高频增益衰减是多少。

5.9 环路调试

在调试开环增益之前,先探讨补偿电路的经验值。在 CPU VRM 中,电阻 R_1 的取值范围最好为 2～4 kΩ。取值太大或者太小,在调试计算时都比较费劲,有时这个值会误导大家,将其他参数的计算引导到一个错误的方向,因此在设计和计算初期最好能按照下面的取值来定义初始值:

$$R_3 < R_1 < 0.5R_2, \quad R_1 = 2 \sim 4 \text{ k}\Omega$$
$$C_3 < C_2 < C_1, \quad C_3 < 0.2C_1$$

图 5.69 中,先定义 R_1 为一个合适的电阻值,通常设定为 2 kΩ 左右,根据输出电感电容的谐振频率、输出电容的 ESR 谐振频率、带宽以及 PWM 控制器的振荡幅值,就可以计算 R_2。计算公式如下:

① TYPE2 中 R_2 的计算如下:

$$R_2 = \left(\frac{f_{\text{ESR}}}{f_{LC}}\right)^2 \cdot \frac{\text{DBW}}{f_{\text{ESR}}} \cdot \frac{V_{\text{OSC}}}{V_{\text{in}}} \cdot R_1$$

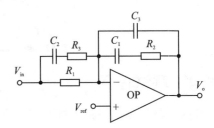

图 5.69 TYPE3 电路图

② TYPE3 中 R_2 的计算如下:

$$R_2 = \frac{\text{DBW}}{f_{LC}} \cdot \frac{V_{\text{OSC}}}{V_{\text{in}}} \cdot R_1$$

式中,f_{ESR} 为输出电容的 ESR 谐振频率;f_{LC} 为输出电感电容的谐振频率;DBW 为设计带宽;V_{OSC} 为 PWM 控制器振荡幅值。需要说明的是,f_{ESR} 通常为 $(2 \sim 4)f_{LC}$ 为宜。

[举例说明] 设定 $R_1 = 2 \text{ kΩ}$,$f_{\text{ESR}} = 42 \text{ kHz}$,$f_{LC} = 7 \text{ kHz}$,带宽为 60 kHz(开关频率为 450 kHz),$V_{\text{OSC}} = 0.8 \text{ V}$,$V_{\text{in}} = 12 \text{ V}$,那么,$R_2$ 大约为 1.5 kΩ。应该说这个数值不是很合理。理论上,TYPE3 的补偿网络的低频增益要小于 TYPE2,这和电路的反馈特性有关系,但是在设计中不希望 $R_2/R_1 < 1$,最好的比例为 $R_2/R_1 > 5 \sim 10$,其原因是希望环路增益在低频时大一点好,可以提高调整精度和低频响应速度。实际调试中发现,所有的 VR 都有低频谐振的问题。调整的方法是:减小带宽,增加低频增益。上面的方法是在相位裕度足够的情况下进行调整的,如果相位裕度不足,提高低频增益会适得其反。

环路的调试实际上是调节环路的增益,所有的参数都应该用增益来解释才能通俗易懂;否则,很难理解。增益的调试说明如下:

① Buck 电路的增益和带宽成正比关系,它是 LC 网络和 TYPE3 补偿回路的合成,LC 电路的增益小于或等于 0 dB,它和输入电源、PWM 控制器的参考基准电

压有关。

② 调试中,发现带宽太小了,可能是低频增益不够造成的。TYPE3 中,与低频增益直接有关系的是 R_1、R_2、C_1 三个参数。其中,R_2/R_1 作用最明显,改变其比值就可以直接看到效果。R_1 是作为 VRM 的输出电压反馈调整电阻(或者 CPU VRM 的 RLL 调整电阻),初始设计时,就需要有一个定义,配合 CPU VRM 补偿电阻就可以将 R_1 确定下来,建议此值在初始设计时定义为 2~4 kΩ。其值定义得太小,会使相位裕度不够;定义得太大,低频增益就会太小,导致带宽变小,反应变慢。初始设计时,建议 $R_2/R_1=5$~10 为宜。

③ 调试中,增益裕度不够,指的是高频衰减不够,导致电路会振荡。在穿越频率 f_c 的右端的高频端,误差放大器的开环增益在高频增益相当高,将会让高频尖峰噪声以较大的幅值传递到输出端,所以高频时应降低增益。因此,高频衰减对电路的稳定性至关重要。

下面来探讨高频衰减的参数设置问题。

另外,和高频有直接关系的参数为 C_2、C_3、R_3。其中,与 C_3 关系最大,通常这个值的取值范围为 10~1 000 pF。该值如果太大,高频衰减会加重,对带宽有较大的影响,动态响应会变慢。R_2、C_3 是第一个极点,对高频衰减也非常重要,其中 C_3 的容量对高频动态响应较敏感,如果选择不当会出现高频时交流压降偏大,不能满足设计要求。

针对高频衰减的概念,下面通过阻抗和增益来说明:

图 5.70 中,容抗通常为 $Z_C=1/(j\omega C)$,C 越大,容抗越小。

原理说明:误差放大器的 R_2 串联 C_1 上并联一个 C_3。低频时,$Z_{C_1}>R_2$,电路特性与 R_2 无关,电路增益为 Z_{C_1}/R_1;中频时,$Z_{C_1}<R_2$,C_1 不影响电路特性,电路增益由 R_2/R_1 决定;高频时,Z_{C_3} 较小,电路增益为 Z_{C_3}/R_1。在 f_{p1}~f_{p2} 之间,幅频特性曲线是水平的,直到 $f_{p2}=1/(2\pi R_2 C_3)$,在这个频率

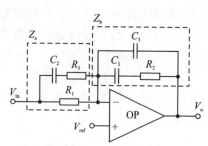

图 5.70 TYPE3 电路阻抗分析电路

转折,以后以 -1 的斜率衰减,避免高频噪声进入反馈端。

将 TYPE3 电路 RC 网络分为两部分,用 Z_a 和 Z_b 表示,增益为 $G=Z_a/Z_b$,关于电路阻抗 Z_a 和 Z_b 的计算,在此不作说明。只要分清高频、中频和低频与哪些组件有关,即可以分析增益裕度。

TYPE3 阻抗是通过传递函数来计算的,增益自然就会得出,在这里仅仅讲设计和调试方向,不能量化,原因如下:

① 计算机主板 DC/DC 的稳定性除了与电路密切相关,还和 PCB 布局有较大的关系。有时 PCB 布局决定了一切,而 PCB 布局的寄生参数是没有办法进行量测和

评估的。虽然可以通过仿真进行分析,但结果只能参考,因为目前仿真的手段仅仅是对照或者对比,只能是这次和上次进行比较有哪些差异或者优缺点,不能够量化。

② PWM 控制器的数学模型不同也会导致计算的误差。

③ 各个组件的误差也会有较大的影响。

鉴于此,所有补偿电路的计算其实就是找方向,计算只能作为参考。

相位的调试说明:

① f_z 与 f_p 之间距离越远,f_c 处就会有较大的相位裕度。因为希望有较大的相位裕度,所以有些电源工程师会将 f_z 设置得比较低;但 f_z 选得太低,在 100 Hz 处低频增益就低,这对 100 Hz 信号衰减很差。如果 f_p 选得太高,则高频增益也高,这样高频噪声尖峰可能很大幅值通过。f_z 与 f_p 之间的距离应该根据实际调试结果进行折中,以求得 100 Hz 衰减不要太低和高频噪声尖峰输出受到严格限定。

② 设计电源时,对相位的调试和理解比较困难,原因是仪器仪表测试的相位的裕度的得出让许多工程师都感到疑惑。在这里笔者建议:通常仪器仪表测试到的相位裕度都是已经和 180°作了比较的,这个差值就是相位裕度,不是 $\varphi_A + \varphi_F$(说明:φ_A 是电路开环的超前相位,φ_F 是反馈电路的超前相位),而裕度 $\varphi_M = 360° - (\varphi_A + \varphi_F)$ 是环路分析仪的测试值。

相位调试通常有两种方法:

① 滞后调试法。在 Buck 电路中插于 RC 电路,做成积分电路,使相位滞后一定的角度,这样设计的目的是牺牲电路带宽达到满足相位裕度,但是这会增加静态功耗,对效率有点影响。

② 超前调试法。这种方法大多用在图 5.71 所示的电路中,前提是穿越频率必须大于相位为 0°时的频率。

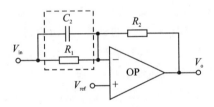

图 5.71　超前调试电路原理图

5.10　数字 PID 的调试说明

随着 VR 的电子技术发展,IR、Intersil、Infineon、TI 等 IC 供应商推出了数字补偿 PID 的应用电源方案。Primaron 是数字化电源设计的先行者,后来被 Infineon 收购。IR 公司是最早开发 SVID 通信电源方案的,收购了 Chil 以后,在 Chil8325、Chil8326 数字 PID 调试的基础上突飞猛进,其中 IR3564、IR3565、IR3592 都是比较成熟的产品,缺陷是带宽稍小,效率略低。Infineon 公司的数字 PID 是在收购 Primaron 以后迅速壮大的,这要得益于其先进的半导体技术以及 Primaron 早先的数字技术,从业界来看,Infineon 的效率是最高的。TI 公司的数字 VR 是在 2013 年才开始试产,整体来看有些瑕疵,经过反复修改设计,大问题没有,小问题需要细化,比较典型的是 TPS53641,补偿是由一个引脚来连接 RC 补偿的。从某种意义上说,这还不能完全看成是纯数字 PID 的调节模式,需要模拟与数字结合才可以达到要求。数字电源是未来技术革命的发展方向。

数字电源的优点主要有两点:
① 减少电源工程师手工焊接时间以及节约元器件成本和 PCB 布局空间;
② 方便量产以后的升级以及 Debug。

针对数字 PID 的应用,需要进行深入的探讨。

5.10.1 PID 介绍

PID 控制器就是通常所说的比例积分放大器,是比例(P)控制、积分(I)控制和微分(D)控制的合成。自动化控制理论中将其分为两类:硬件 PID 算法和软件 PID 算法,后者是数字 PID 的前身。

在工业控制应用中,被控参数主要是温度、压力、流量、物位等。尽管各种高级控制不断完善,但始终脱离不了 PID 的控制,通过调整 PID 参数就可以使控制系统达到所要求的性能指标。随着控制理论的发展,出现了专家系统模糊逻辑、神经网络、灰色系统理论等,这些控制和传统的 PID 控制策略结合又派生出各种新型的 PID 数字控制器。随着计算机技术的高速发展,PID 越来越依赖于程序的设计以及传感器反馈参数的精准化。

Buck 电路数字 PID 电路原理如图 5.72 所示。

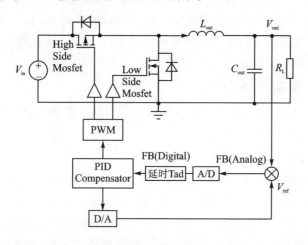

图 5.72 数字 PID 电路原理

1. P 控制器

在数字电路调试中,P 控制器用参数 K_p 来表示,增大 K_p 可以提高系统的开环增益,能迅速反映误差的变化,在调整的初期起主要作用。P 控制器只能减小系统稳态误差,但不能最终消除误差。K_p 越大系统的稳定性越差。

2. I 控制器

I 控制器用参数 K_i 表示,将会产生一个极点,该极点可以减小系统的稳态误差,改善系统的稳态性能,理论上和零点配对使用。

K_i 用来对过去状态的误差进行分析和汇总,是过去一段时间的误差和的积累。

3. D 控制器

D 控制器用参数 K_d 表示,K_d 控制微分与误差的变化率成比例,是一种超前参数的控制,将会产生一个零点。当有误差产生时,K_d 可提供一个校正量,以减少误差增长。K_d 对很慢的变化不敏感,是误差反应的加速器,能改善系统将来动态的快速变化,增加系统的阻尼比,减少超调,克服振荡,从而增加系统的稳定性,加快了系统的反应速度。

K_d 用来控制将来发展的趋势,对误差进行一阶求导,导数的结果越大,将会对输出结果作出更快速的反应。一个 PID 控制器可以被称为滤波器,如果数值配置不合理,控制系统的输入值会反复振荡,这导致系统可能永远无法达到默认值。

5.10.2 PID 控制器的调试方法

1. 比例系数 K_p 的调节

比例系数 K_p 的调节范围一般是 0.1~100。

初调时,K_p 选小一些,然后慢慢调大,直到系统波动足够小时再调节积分或微分系数。过大的 K_p 值会导致系统不稳定、持续振荡;过小的 K_p 值又会使系统反应迟钝。合适的值应该使系统有足够的灵敏度但又不会反应过于灵敏,一定时间的迟缓要靠积分时间来调节。

2. 积分系数 K_i 的调节

积分时间常数的定义:偏差引起输出增长的时间。初调时要把积分时间设置大一些,然后慢慢调小直到系统稳定为止。

3. 微分系数 K_d 的调节

微分值是偏差值的变化率,控制系统不需要调节微分时间,当时间滞后以后才需要附加这个参数。另外,通过比例、积分参数的调节还是收不到理想的控制效果时,就可以调节微分时间。初调时把这个系数设小,然后慢慢调大,直到系统稳定。

由于 PWM 控制器的供应商的编程风格和理论研究不同,对 PID 的控制有较大的差异。下面以 IR 和 Chil 公司的 PID 控制应用为例进行介绍。

5.10.3 PID 实际应用

数字 PID 用在电源 Buck 设计中比较好的方案是 Chil/IR 的 CHL8325 和 CHL8326,但从原理上来分析,Chil 的 PID 控制已经进行了算法处理,和传统的 PID

控制有比较大的差异,将控制的重点放在低频段,高频段用数字滤波器来实现,从而简化了 PID 控制。这对于电子工程师来说可能难以理解。下面针对 Chil 公司的 PID 控制作简单的讲解,帮助大家理解。

实际应用中,并没有 K_p、K_i、K_d 的单独应用,而是三者之间搭配使用,比如 K_{pi}、K_{pd}、K_{id} 等,通过传递函数描述如下:

P 控制器:

$$H(s) = K_p$$

PD 控制器:

$$H(s) = K_p + K_d s$$

PI 控制器:

$$H(s) = K_p + K_i/s$$

PID 控制器:

$$H(s) = K_p + K_d s + K_i/s$$

Chil/IR 的 PID 控制器主要分为低频控制和高频滤波两部分。低频段分为 I Term 控制、P Term 控制和 D Term 控制,高频段的两个极点是通过滤波器方式进行控制的。

严格来说,Chil 的 PID 控制器不是典型的 TYPE3 构架控制方式,而是通过算法程序来进行检测和调整的,为了简化其原理,将通过 TYPE3 和 Chil 的对照特性表格来进行说明。

5.10.4 PID 控制幅频特性图

① 数字 PID 系数 P、I、D 在幅频曲线中的位置如图 5.73 所示。
② TYPE3 电路 RC 元件对应幅频曲线中的位置如图 5.74 所示。

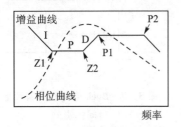
图 5.73 数字 PID 系数 P、I、D 在幅频曲线中的位置

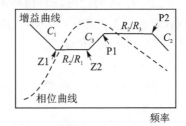
图 5.74 TYPE3 电路 RC 元件对应幅频曲线中的位置

图中的组件位置仅仅作为示意图,实际上,由于频普比较复杂,是多个组件合成的曲线。PID 控制电路方框图如图 5.75 所示。

③ 数字 PID 的缺陷。传统的模拟电路在进行 DC/DC 操作时将会出现 Q1 和 Q2 导通死区时间(T_d)的问题,T_d 这段时间内 Q1 和 Q2 都不导通,否则将会造成 Q1 和 Q2 同时导通烧板现象,电路图如图 5.76 所示。

第 5 章 主板 Buck 电路环路稳定性能分析

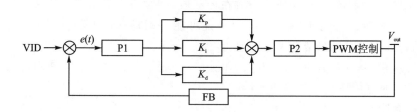

图 5.75 PID 控制方框图

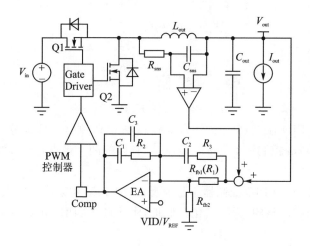

图 5.76 Buck 电路中 PID 原理图

④ 死区时间 T_d 对环路稳定的影响如图 5.77 所示。环路测试原理如图 5.78 所示。图 5.78 中,在 T_d 时间段内,RF 信号不能反馈到输出端,发射信号将会产生滞后,从而造成相位裕度不足。滞后的角度为

$$\theta = (T_d/T_{rf}) \times 360°$$

数字电路在此基础上再滞后 T_{ad},电路图如图 5.79 所示。

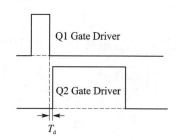

图 5.77 Buck 电路开关管死区时间的影响

数字 PID 的 A/D 转换需要时间 T_{ad},加上 T_d,将会导致相位裕度更加不足,滞后的角度为 $\theta = [(T_d + T_{ad})/T_{rf}] \times 360°$。因此在设计参数时,相位裕度需要作为重点考虑的对象。

⑤ 数字 PID 对应 TYPE3 的各组件说明如下:

TYPE3 电路图如图 5.80 所示。

低频段,K_p 对应的是 R_2/R_1,中频段,K_p 对应的是 R_2/R_3,低频信号流程如图 5.81 所示。

第 5 章 主板 Buck 电路环路稳定性能分析

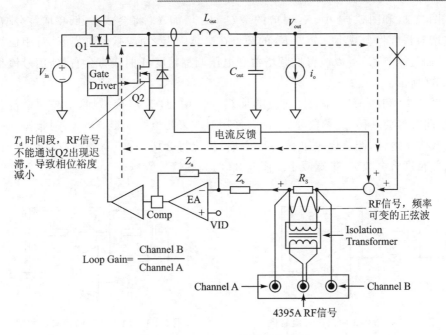

图 5.78 4395A RF 信号注入流程

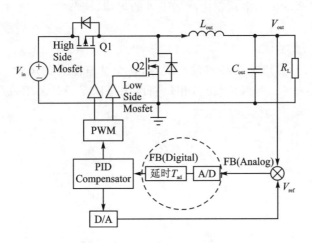

图 5.79 A/D 转换迟滞时间原理说明

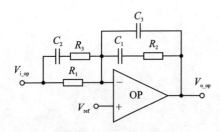

图 5.80 TYPE3 电路图

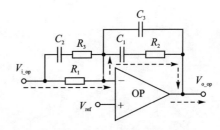

图 5.81 TYPE3 低频信号流程图

第 5 章 主板 Buck 电路环路稳定性能分析

图 5.73 和图 5.74 中，K_i 对应的是 C_1，K_i 增加，C_1 将会减小，低频增益会增加，系统增益裕度将会减小。如果 K_i 的频点在穿越频点之前，那么调节 K_i 对相位没有影响，而且调节 K_i 可以改善低频增益和电压调整精度，I 曲线将会右移，信号流程如图 5.82 所示。

图 5.73 和图 5.74 中，K_d 对应的是 C_2，K_d 增加，C_2 将会增加，中高频增益会增加，D 曲线将会左移，此参数和 R_1 配合使用对改善相位裕度影响较大，对带宽的影响也会较大。通常，调节规律如下：K_d 增加，相位将会增加，中高频增益将会增加，系统增益裕度将会减少，带宽减小。图 5.83 为高频信号流程。

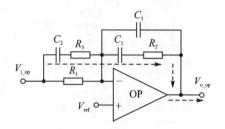

图 5.82　TYPE3 中频信号流程图　　　图 5.83　TYPE3 高频信号流程图

上面的调整都是在正常频点比例范围内的规律，调节前一定要检查各频点的间距是否合理，描述如下：

$$f_{z1} \leqslant (5 \sim 20) f_{z2} \leqslant (10 \sim 20) f_{p1} \leqslant (5 \sim 10) f_{p2}$$

如果超出此范围，可能会导致没有规律，甚至会有隐含的风险。第二个零点的 f_{z2} 和第一个极点的 f_{p1} 离得比较近，相位裕度如果满足设计要求，原则上是可以接受的。

第 6 章

Buck 电路反馈回路调节原理及动态分析

本章主要讲述 Buck 电路反馈回路的调节原理以及对动态的影响,下面通过电阻模型来讲输出阻抗和负载的关系。

将 Buck 电路图进行简化,如图 6.1 所示。

图 6.1 中 R_n 是 VR 的内阻,也是 VR 的输出阻抗 Z_{out},R_L 是负载阻抗,输出电压为

$$V_{out} = \frac{R_L}{R_L + R_n} V_{in}$$

R_n 越大,V_{out} 将会越小,因此在设计 Buck 电路时要求尽量将 Buck 的输出阻抗调到比较合理的值,至少应该

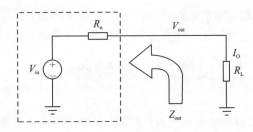

图 6.1 Buck 等效阻抗图

小于或等于负载阻抗。一个 VR 能够送出 1.0 V/20 A 的能量,表示在负载为 20 A 以下的任何状态,这个 VR 的输出都必须是稳定的。这就涉及 VR 的输出能量的问题,实质上输出能量和 VR 的输出阻抗有直接的关系,VR 的输出阻抗越小,负载能力就会越强,电路就会越稳定。

调节 Buck 电路的补偿回路参数实质是在调节 VR 的输出阻抗,负载的拉载频率不同,要求 VR 的输出阻抗就不一样,这就是反馈回路的调节实质。由此看来,VR 的输出阻抗是一个频率函数:

$$Z_{out} = F(f)$$

上面讲的是静态时的输出阻抗,当输出阻抗等于负载阻抗时,是临界状态,如果负载是动态变化的,那么情况就大不一样了。公式如下:

$$Z_{out} = \frac{\Delta V}{\Delta I}$$

式中,ΔV 就是 LDO 输出动态电压幅值;ΔI 是动态电流步进。

[**举例说明**] VR 的输出电压为 1.0 V,TDC 为 20 A,输出电压规格为 0.95～1.05 V,$\Delta V=50$ mV,要求 VR 动态输出时,电流为 10～20 A,$\Delta I=15$ A,电流拉载

斜率为 5 A/μs。

通常，设计 Buck 时分为两部分：

① 满足静态要求。要求 VR 的静态输出阻抗为

$$Z_{out} = 1.0 \text{ V}/20 \text{ A} = 0.05 \text{ }\Omega$$

这是 VR 设计的必要条件，如果 VR 的输出阻抗在静态时大于这个阻抗，就会带不动 20 A 的负载；仅仅满足上面的条件对于 VR 的设计和调试来说还远远不够，需要 VR 的输出能够满足动态条件才可以。

② 满足动态要求。动态输出阻抗：

$$Z_{out} = \frac{\Delta V}{\Delta I}$$

通过公式计算 Z_{out} = 0.05 V/15 A = 3.3 mΩ，也就是说，VR 的最终输出阻抗要小于 3.3 mΩ 才能满足负载的动态设计要求。

Buck 电路的 PWM 控制 IC 一旦固化，输出阻抗只能依靠补偿回路进行调节了；因此，Buck 电路的输出是一个频率函数，不同的频率条件下，输出阻抗是不同的，输出阻抗要求小于负载的动态阻抗才能满足设计要求。

6.1 反馈回路的种类

Buck 电路中，反馈回路主要分为电压反馈和电流反馈两种。有些参考资料中讲到阻抗反馈，笔者认为阻抗反馈是电流反馈的一种表现形式。接下来重点研究电压和电流这两种情况。

图 6.2 中，虚线框中为电流反馈，箭头方向为电压反馈。电流反馈的最终情况是将电流的形式表现为电压方式 PWM 控制器才能进行识别。CPU 和 RAM 的 Buck

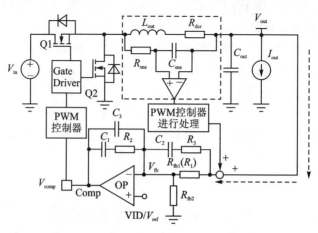

图 6.2 Buck 电路电压、电流反馈电路

采用多相供电形式才会同时采用这两种反馈方式进行 PWM 调节,在单相 Buck 电路设计中,通常只有电压反馈形式,电流反馈不常见。

6.2 反馈回路的调节特性与本质

Buck 电路的反馈作用能够使输出电压稳定,仅此而已,至于为什么要使输出电压稳定,无从知晓。

Buck 电路的电压反馈和电流反馈其实质是在调节 VR 的输出阻抗,保证在任何负载条件下,输出电压都在规格范围之内。因此,Buck 电路的输出阻抗是一个频率函数,不同的拉载频率条件下,输出阻抗不一样,如 $Z_{out}=Z(f)$。

Buck 电路的环路稳定性能之所以很难理解,主要有两点:

① 对环路测试的原理认识不够,不知道环路分析仪的基本结构和原理。

② 对环路调节的本质特征不理解,知道调节 TYPE3 的补偿参数可以改善环路稳定性能,但是不理解其特性,调试时靠猜测或者经验来左右自己的理解。电压反馈和电流反馈除了电路结构不同以外,其调节原理也有较大差别。

6.2.1 电压反馈回路

图 6.3 工作原理:Buck 电路启动以后,输出电压将会按照一定的斜率爬升(如图 6.4 中方框所示),爬升的斜率和 PWM 控制器的特性有较大关系,不同的 PWM 控制器,爬升斜率不同。输出电压波形如图 6.4 所示,曲线①为输出电压波形。

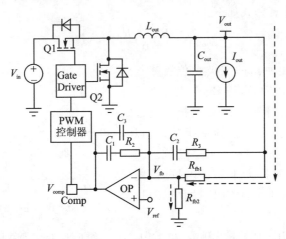

图 6.3 Buck 电路电压反馈电路

图 6.4 中,输出电压经过 R_{fb1} 和 R_{fb2} 分压以后,和 V_{ref} 进行比较,通过运算放大器 OP 和 TYPE3 的 RC 网络放大以后,发送给 PWM 控制器进行采样分析,PWM 控制器根据反馈信号调整输出占空比,达到调整输出电压幅值的目的。当输出电压低于

第 6 章 Buck 电路反馈回路调节原理及动态分析

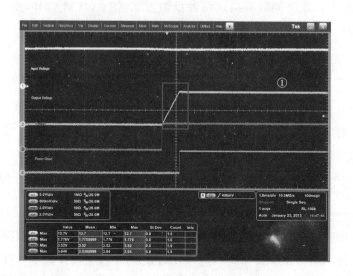

图 6.4 Buck 电路输出电压波形图

目标值时,反馈电压 V_{fb} 和 V_{ref} 进行差分比较,OP 将误差信号放大后送到 Comp 引脚,V_{comp} 变大,PWM 控制器将占空比调大,开关管 Q1 的导通时间变长,输出电压升高,从而达到目标输出值;如果输出电压高于设定值,则 V_{fb} 和 V_{ref} 进行差分比较,OP 将误差放大后送到 Comp 引脚,V_{comp} 变小,PWM 控制器将占空比调小,开关管 Q1 的导通时间变短,输出电压降低,从而达到目标输出值。

输出电压的计算公式如下:

$$V_{out} = \frac{R_{fb1} + R_{fb2}}{R_{fb2}} \cdot V_{ref}$$

通过调节补偿回路的零极点位置来优化 Buck 电路的输出阻抗,使 Buck 电路在任何情况下输出阻抗都小于负载阻抗。由于 Buck 电路输出阻抗是一个频率函数,所以任何一个频点都会有一个目标阻抗。当 Buck 电路的输出阻抗大于目标阻抗时,电路就会不稳定。图 6.5 是 CPU 的目标阻抗曲线图。

说明:R_{droop} 为 CPU Loadline 和 CPU Socket 的综合阻抗,这是 CPU 的低频阻抗

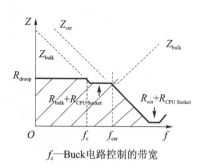

图 6.5 CPU 负载目标阻抗曲线

要求;f_c 以后阻抗为输出 Bulk 电容和 CPU Socket 阻抗,这时只有 Buck 电路的输出大电容起作用。f_{cer} 以后是 MLCC 电容起作用的阻抗曲线。

R_{droop} 曲线是 CPU 的目标阻抗曲线,阻抗是频率函数 $Z_{cpu} = Z(f)$,要求 Buck 电

路的输出阻抗 Z_{out} 一定要小于 Z_{cpu}，落在 R_{droop} 斜线区域以内才能满足电源设计要求，输出阻抗 Z_{out} 超出 Z_{cpu} 将会导致输出电压有过冲和过放的现象，严重时将会关闭输出，如图 6.6 虚线框所示为 $Z_{out} > Z_{cpu}$ 的区域。

当负载做动态操作时，输出电压就会出现过冲电压（图 6.7 框①所示）以及过放电压（框②所示）现象。

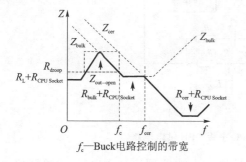

图 6.6　Buck 电路输出阻抗低频偏大　　图 6.7　输出电压及负载波形

当过冲电压高于一定值以后，Buck 电路将会产生 OVP 保护；当过放电压低于一定值以后，Buck 电路将会产生 UVP 保护。

6.2.2　电流反馈回路

图 6.8 中，为了方便分析问题，将电感拆分成 L_{out} 和 R_{dcr} 两部分，其中 R_{dcr} 是电感的直流阻抗。R_{sns} 和 C_{sns} 是电流检测组件，通过检测输出电感 L_{out} 两端流过的电流来感知 Buck 电路的负载电流大小。这种电流检测方式，精度并不高，需要调试 R_{sns} 和 C_{sns} 的大小来满足设计要求。大多数 PWM 控制器厂商都是使用这种方法进行电流检测的，传统的 PC 主板电源设计如图 6.9 所示。

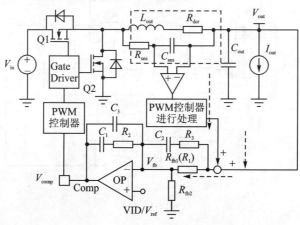

图 6.8　Buck 电路电流反馈信号流程图

第 6 章 Buck 电路反馈回路调节原理及动态分析

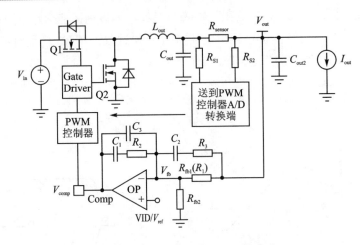

图 6.9 传统 PC 主板 CPU 供电电路

图 6.9 是传统的功率电阻检测方式，R_{sensor} 是电流感应功率电阻，当负载拉载时，将会在 R_{sensor} 两端产生压降，通过 R_{s1} 和 R_{s2} 送到 PWM 控制器进行 A/D 转换。这种方式在现行的主板电源设计中已被淘汰，原因是：R_{sensor} 将会产生损耗，如果输出电流超过 20 A，对效率的损耗将会有 2% 以上的影响。下面重点讲述 RC 电流检测原理。

R_{sns} 和 C_{sns} 的电流检测网络中，C_{sns} 推荐为 0.1 μF，范围为 0.047～0.47 μF，R_{sns} 需要根据 Buck 电路的电流检测以及动态波形进行调整，要求大于理论计算的 10% 左右。

图 6.10 中，当电感有电流通过，在电感两端形成交流电压 V_L 时，R_{sns} 和 C_{sns} 将会

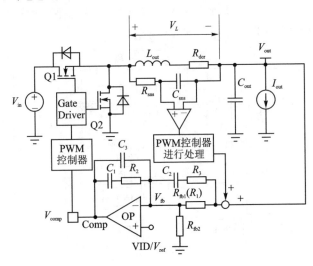

图 6.10 Buck 电路 DCR 电流检测

第6章 Buck 电路反馈回路调节原理及动态分析

对这个电压进行分压,计算公式如下:

$$V_{csns} = \frac{1/\omega C_{sns}}{R_{sns} + 1/\omega C_{sns}} \cdot V_L \qquad (6-1)$$

$$V_L = I_L(\omega L_{out} + R_{dcr}) \qquad (6-2)$$

为了使 R_{dcr} 两端的电压等于 C_{sns} 两端的电压,公式如下:

$$V_{dcr} = I_L R_{dcr} \qquad (6-3)$$

要求:
$$V_{dcr} = V_{csns} \qquad (6-4)$$

得出:
$$L_{out}/R_{dcr} = R_{sns} C_{sns} \qquad (6-5)$$

公式(6-5)成立,电感直流阻抗 R_{dcr} 的电压就等于 C_{sns} 两端的电压。R_{sns} 取值通常大于 10%~30% 的理论计算值,如果 L_{out}、R_{dcr} 和 C_{sns} 取值确定,理论上 R_{sns} 也会确定下来,R_{sns} 取值大于或者小于理论计算值,C_{sns} 两端的波形变化如图 6.11 所示。

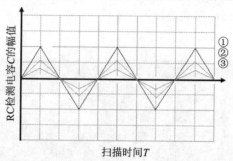

图 6.11 R_{sns} 和 C_{sns} 取值对电流检测波形的影响

图 6.11 曲线说明如下:
① 曲线:
$$L_{out}/R_{dcr} > R_{sns} C_{sns}$$

② 曲线:
$$L_{out}/R_{dcr} = R_{sns} C_{sns}$$

③ 曲线:
$$L_{out}/R_{dcr} < R_{sns} C_{sns}$$

$R_{sns} C_{sns}$ 越大,电容 C_{sns} 充电时间就会越长,开关频率固定为 $f_{sw}=1/T$,$t_{on}=DT$,通过公式:

$$C_{sns} V = I t_{on}$$

C_{sns} 两端的电压因为充电时间 t_{on} 减少,反馈给 PWM 控制器的电压信号 V 就会越小,PWM 控制器将会减小占空比,从而致使输出电压偏低,产生一定的 RLL。

对于 R_{sns} 的取值,需要配合动态波形进行调整,为了便于分析问题,将实际调试值和理论计算值用比例参数 $A_{cs}(s)$ 由下面的公式定义,理论计算的电阻和电容用 R_{sns0} 和 C_{sns} 来表示,公式如下:

$$A_{cs}(s) = \frac{1 + R_{sns0} C_{sns}}{1 + R_{sns} C_{sns}}$$

第6章 Buck电路反馈回路调节原理及动态分析

通过示波器测试Buck电路的动态波形,负载设置要求如下:拉载频率为1 kHz,斜率为0.25 A/μs,电流拉载步进(Step)从半载到满载。

① 调整$R_{sns}C_{sns}$约为$120\%R_{sns0}C_{sns}$,测试波形如图6.12所示。

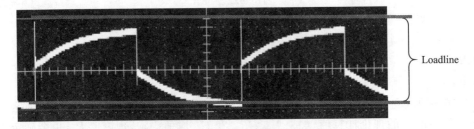

图6.12 $R_{sns}C_{sns}$偏大对电流检测的影响

$R_{sns}C_{sns}$大于理论值,动态输出波形会平缓下降。

② 调整$R_{sns}C_{sns}$约为$90\%R_{sns0}C_{sns}$,测试波形如图6.13所示。

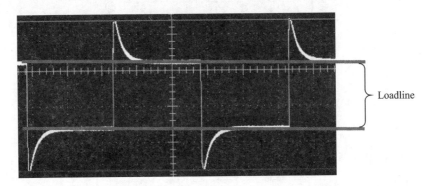

图6.13 $R_{sns}C_{sns}$偏小对电流检测的影响

$R_{sns}C_{sns}$小于理论值,动态输出波形会下降剧烈,造成过放,超出设计规格。

R_{sns}和C_{sns}的取值会影响动态波形,取值不合理将会导致欠压或者过冲,原理图进行简化,如图6.14所示。

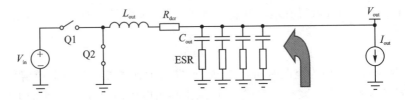

图6.14 Buck电路输出阻抗简化电路图

根据图6.14,Buck电路的最小输出阻抗为

$$Z_{out\ min} = \left(R_{esr} + \frac{1}{j\omega C_{out}}\right)\frac{1}{n} \ //\ (R_{dcr} + j\omega L_{out})$$

第6章 Buck 电路反馈回路调节原理及动态分析

从 $Z_{\text{out min}}$ 公式来看,输出电容的并联阻抗、电感阻抗为

$$Z_{C_{\text{out}}} = \left(R_{\text{esr}} + \frac{1}{\mathrm{j}\omega C_{\text{out}}}\right)\frac{1}{n}$$

$$Z_L = R_{\text{dcr}} + \mathrm{j}\omega L_{\text{out}}$$

从输出负载来分析,输出电容和电感是并列关系,计算如下:

$$Z_{\text{out min}} = Z_{C_{\text{out}}} \mathbin{/\mkern-5mu/} Z_L$$

当输出电容规格确定以后,$Z_{\text{out min}}$ 就和 Z_L 成正比。

当工作频率一定时,Z_L 中 $\mathrm{j}\omega L_{\text{out}}$ 就会确定。R_{sns} 和 C_{sns} 是电流检测网络,理论上 C_{sns} 两端的电压应该等于 R_{dcr} 两端的电压,当增大或者减小 R_{sns} 时,反馈给 PWM 控制器的电流检测值就不是真实的反馈信号。比如:输出电流为 10 A,R_{dcr} 的阻抗为 1 mΩ,那么,在 C 上面检测到的电压理论上应该是 10 mV,若 R_{sns} 增加,电容两端的电压值将会减小,造成 PWM 控制器被认为输出电流在减小,从而降低输出电压。

当 R_{sns} 小于理论计算值时,推理和上面相反,站在另外一个角度去分析问题:改变阻值 R_{sns},实际上是虚拟改变 R_{dcr},从而改变 Buck 电路的输出阻抗。推理如下:

$$L_{\text{out}}/R_{\text{dcr}} = R_{\text{sns}} C_{\text{sns}}$$

公式中的 L_{out} 和 C_{sns} 一旦确定,R_{dcr} 和 R_{sns} 将会成反比。

① R_{sns} 变大,那么虚拟的 R_{dcr} 将会变小,公式如下:

$$Z_{\text{out min}} = \left(R_{\text{esr}} + \frac{1}{\mathrm{j}\omega C_{\text{sns}}}\right)\frac{1}{n} \mathbin{/\mkern-5mu/} (R_{\text{dcr}} + \mathrm{j}\omega L_{\text{out}})$$

可知,$Z_{\text{out min}}$ 将会变小,带载能力增加,输出电压波形稳定下降,不会造成过放现象。

② R_{sns} 变小,那么虚拟的 R_{dcr} 将会变大,$Z_{\text{out min}}$ 将会增加,输出负载能力变差,将会造成过放,超出 VR 的输出规格。

使用幅频特性和相频特性来分析问题,如下:

① $R_{\text{sns}} C_{\text{sns}}$ 偏小。图 6.15 中,当 R_{sns} 偏小 10% 时,将会导致 Buck 电路的输出阻抗有突起;输出阻抗大于目标阻抗,将会导致 Buck 电路在动态负载条件下出现过放现象,电路将会不稳定。

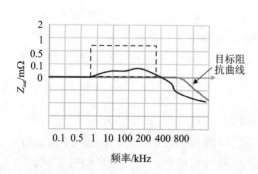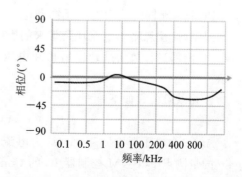

图 6.15 $R_{\text{sns}} C_{\text{sns}}$ 偏小对 Buck 电路输出阻抗的影响

② $R_{sns}C_{sns}$ 适中。图 6.16 中,当 R_{sns} 等于计算理论值时,Buck 电路的输出阻抗小于或者等于目标阻抗,电路稳定。

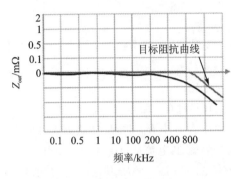
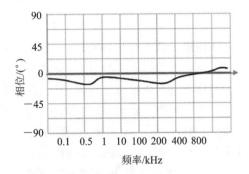

图 6.16　$R_{sns}C_{sns}$ 适中对 Buck 电路输出阻抗的影响

③ R_{sns} 和 C_{sns} 偏大。图 6.17 中,当 R_{sns} 偏大 10% 时,Buck 电路的输出阻抗小于目标阻抗。

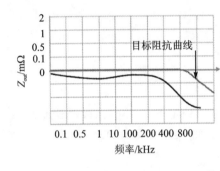
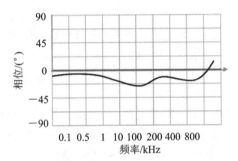

图 6.17　$R_{sns}C_{sns}$ 偏大对 Buck 电路输出阻抗的影响

6.3　电压、电流反馈的测试原理

Buck 电路同时使用电流反馈和电压反馈,在测试环路时,由于 PWM 控制器结构的限制,往往忽略了电流环路带来的影响,原因是电流环路比较复杂,电流反馈信号在 IC 内部进行放大处理以后再和电压反馈合并,通过 $F(s)$ 一并处理,如图 6.18 所示。

合并以后公式如下:

$$F(s) = A_V(s) + A_i(s)$$

$A_V(s)$ 为电压反馈回路,$A_i(s)$ 为电流反馈回路,两者的合成才是真正的 Loop-gain 的量测点 F(PWM 控制器 IC 的 Comp 引脚),频谱分析仪的 RF 信号要从该点注入才正确,$F(s)$ 是两者的合成时域函数。实际电路中,电流反馈信号经过 R_{sns} 和 C_{sns} 采样以后,直接进入 PWM 控制器内部进行处理,如图 6.18 所示的 I_s 部分。因此测试电流环路是比较困难的,大多数的做法是仅断开电压环路进行测量,测到的是 $A_V(s)$ 环路,测试结果不准确,如图 6.19 所示。

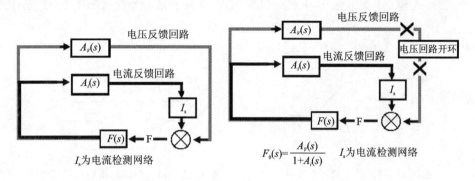

图 6.18　电压、电流反馈方框图　　　图 6.19　电压反馈开环电路

那么,$F(s)$ 和 $F_0(s)$ 的区别在哪里呢?图 6.20 是某种特定参数下的波特图。

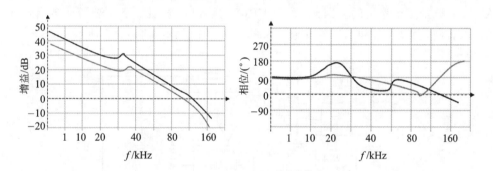

图 6.20　Buck 电路电压反馈开环波特图

测试证明,$F_0(s)$ 的增益衰减要比 $F(s)$ 快。也就是说,在增益裕度方面,$F(s)$ 如果合格,$F_0(s)$ 就会没有问题;在相位裕度方面,就很难说了,其原因是两者在中高频的地方有交叉,但还是有办法可以解决:让带宽控制在开关频率的 1/5 左右。因为在穿越频率以后,$F_0(s)$ 明显裕度变大。

当然上面的情况也不是一成不变的,需要根据时间情况进行调整。

6.4　反馈回路对动态响应的影响

环路稳定性能分析对于大多数读者来说都是一个难点,需要从测试原理入手才能更加透彻理解;熟悉环路稳定性能分析以后,对动态输出电压波形进行分析才能更加全面了解补偿回路参数设置是否合理;电源开发工程师在测试环路时,需要同时测试动态输出波形,以便同步解决问题。

第6章 Buck 电路反馈回路调节原理及动态分析

前面章节中描述了输出阻抗对动态波形的影响,现在复述一遍。

VR 输出的目标阻抗曲线如图 6.21 所示,实际也是 CPU 负载阻抗曲线。

当 Buck 电路输出阻抗小于目标阻抗,动态负载 I/V 标准曲线如图 6.22 所示。

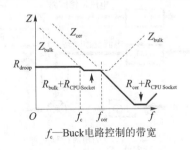

图 6.21 VR 输出目标阻抗曲线

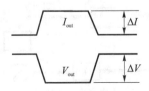

图 6.22 Buck 电路输出电压目标曲线

R_{droop} 是 CPU 的交流负载阻抗的简称。在穿越频率 f_c 之前,R_{droop} 是可控的,之后,目标阻抗就由 Bulk 电容和 MLCC 电容来决定,VRM 的输出阻抗只要小于 R_{droop},系统都是很稳定的。因此,要求 VRM 的输出动态阻抗一定要等于或者小于 R_{droop},否则,会出现过冲和过放现象。Buck 电路的简化图如图 6.23 所示。

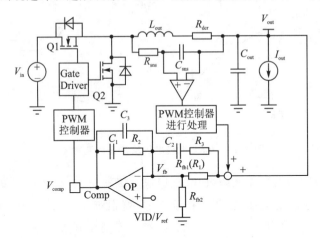

图 6.23 Buck 电路简化图

针对补偿回路,说明如图 6.24 所示。

① C_1 的理解:
- C_1 减小,低频增益将会增加,能够减少输出电压压差;
- C_1 增加,可以改善重载到轻载时的振铃幅值,重载时会增加动态过冲或者过放电压。

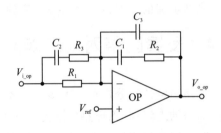

图 6.24 TYPE3 补偿反馈回路图

② C_3 的理解:
- C_3 减小,可以减少输出电压高频交流值;
- C_3 增加,可以改善 Jitter 和使带宽减小,输出电压高频交流值将会增加,过冲电压将会减小。

③ C_2 的理解:C_2 减小,振铃将会减小,高频增益减小,输出电压高频交流值将会增加;反之,结果相反。

④ R_1 的理解:R_1 较小,RLL 减小,相位裕度将会减少,增益将会增加;反之,结果相反。

⑤ R_2 的理解:R_2 和低频增益有较大关系。

⑥ R_3 的理解:
- R_3 减小,高频增益增加,输出电压高频交流值减小。
- R_3 增加,Jitter 减小,高频增益减小,输出电压高频交流值增加。

Buck 补偿回路 RC 对动态反应的影响说明如下。

① C_1 调试说明:

a. C_1 太小。图 6.25 中,C_1 偏小,将会导致低频增益和高频增益变大,低频反应变化。

b. C_1 适中。图 6.26 中,C_1 适中,低频增益适中,振铃幅值变小。

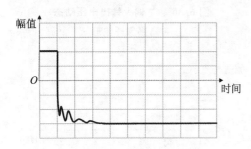

图 6.25　C_1 偏小输出电压动态
高频展开波形

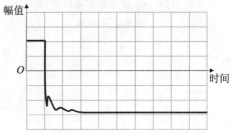

图 6.26　C_1 适中输出电压动态
高频展开波形

c. C_1 太大。图 6.27 中,C_1 偏大,将会导致低频增益变小,低频反应变慢。
总结:C_1 是低频响应组件,时间通常大于 10 μs 以上。

② C_2 调试说明:

a. C_2 太小。图 6.28 中,C_2 偏小,将会导致高频增益减小,反应变慢。

b. C_2 适中。图 6.29 中,C_1 适中,低频增益适中,振铃值变小。

c. C_2 太大。图 6.30 中,C_2 是高频响应组件,时间通常小于 2 μs。

③ C_3 调试说明:

a. C_3 太小。图 6.31 中,C_3 偏小,将会导致低频增益增大,高频增益衰减减慢。

b. C_3 适中。图 6.32 中,C_3 适中,输出电压平缓下降。

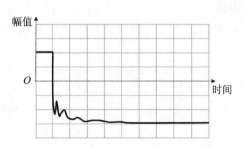

图 6.27 C_1 偏大输出电压动态高频展开波形

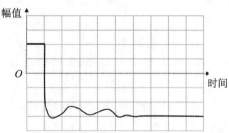

图 6.28 C_2 偏小输出电压动态高频展开波形

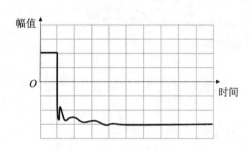

图 6.29 C_2 适中输出电压动态高频展开波形

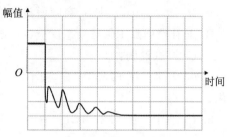

图 6.30 C_2 偏大输出电压动态高频展开波形

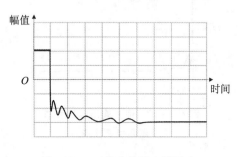

图 6.31 C_3 偏小输出电压动态高频展开波形

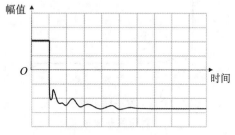

图 6.32 C_3 适中输出电压动态高频展开波形

c. C_3 太大。图 6.33 中,C_3 偏大,导致低频增益减小,高频衰减加重,输出电压有振荡。

总结:C_3 是高频响应组件,和 R_2 组合成积分电路后,谐振频率处在中频位置,对带宽和高频衰减有较大影响,时间通常为 $2\sim 5\ \mu s$。

④ R_1:此组件对相位以及增益有较大影响,设计初始值定义为 $2\sim 4\ k\Omega$,在此不做波形的演示。

⑤ R_2 调试说明：

a. R_2 太小。图 6.34 中，R_2 偏小，将会导致低频增益减小，带宽较小，输出电压反应变慢。

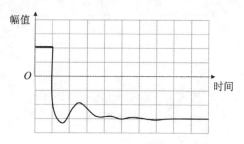

图 6.33　C_3 偏大输出电压动态高频展开波形

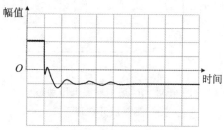

图 6.34　R_2 偏小输出电压动态高频展开波形

b. R_2 适中。图 6.35 中，R_2 适中，输出电压波形稳定。

c. R_2 太大。图 6.36 中，R_2 偏大，导致低频增益变大，带宽增加，输出电压调整过快。

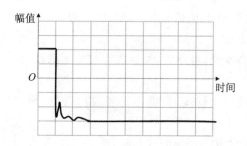

图 6.35　R_2 适中输出电压动态高频展开波形

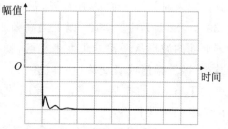

图 6.36　R_2 偏大输出电压动态高频展开波形

总结：R_2 是低频响应组件，对相位裕度有较大影响，时间通常大于 10 μs 以上。

⑥ R_3 调试说明：

a. R_3 太小。图 6.37 中，R_3 偏小，将会导致高频增益变大，高频衰减减弱。

b. R_3 适中。图 6.38 中，R_3 适中，输出电压波形稳定。

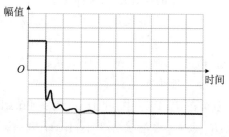

图 6.37　R_3 偏小输出电压动态高频展开波形

c. R_3 太大。图 6.39 中，R_3 偏大，将会导致高频增益减小，高频衰减加重。

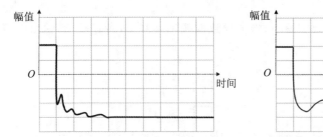
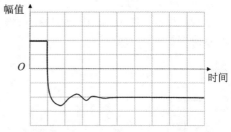

图 6.38 R_3 适中输出电压动态高频展开波形

图 6.39 R_3 偏大输出电压动态高频展开波形

总结：R_3 是高频响应组件，对高频增益和环路衰减有较大影响，时间通常小于 2 μs。

讨论：从上面的波形来分析，很难得出一个结论，因此在调试时，先测试带宽，算出时间，比如：开关频率为 500 kHz，按照环路带宽的要求，带宽设定为 50～200 kHz，折算为时域为 20 μs，如果拉载的占空比为 50%，那么上升和下降的时间为 10 μs，按照高低频来分析，2 μs 以下为高频部分，2～5 μs 为中频部分，10 μs 为低频部分。如果时间和上面的有差异，那么就按照下面的标准来定义：30% 以下为高频，30%～80% 为中频，80% 以上为高频。

上面的波形从增益的角度来理解，就会发现，增益大，振铃或者交流压降就会小，增益小，振铃幅值或者交流压降就会大。

关于 Jitter 的控制，笔者对这方面的理解比较浅薄，但还是要表白，以便同仁能找出笔者的错误和不足。

Jitter 的产生因素比较多，这个参数通常用在音频的评估里面，至于为什么用于 Buck 电路中，无从得知。

Jitter 产生的因素主要有以下几点：

① 控制器的反馈数据采样不准确；

② 反馈电路不灵敏，噪声干扰较大，也有可能相移较大导致控制器不能实时控制；

③ 电路中增益太大，反应太快；

④ 驱动能力不足。

通常在 TYPE3 中，和 Jitter 有关联的组件为 C_3 和 R_3。这两个参数是高频控制参数，R_3 太大，增益就会变小，Jitter 就会减少，但是有可能会导致 HF 的 Droop 增加；C_3 太大，其阻抗就会变小，增益也会变小，Jitter 就会减少，有可能会导致高频交流电压增加。

到目前为止，Jitter 的大小到底会给电路造成多大的影响，应该没有一个准确的定义，通常要求其不要超过开关管 20% 的开启时间，如果太大，需要做以下说明：

① 前沿触发时，Jitter 的形状最好是连续不间断的，准确一点，累积时间最好定为 20 s 为宜（也有的同仁考虑到规格要求的问题，将累积时间定在 10 s 以内）。

② 如果 Jitter 中间有明显的间断，有可能是电路的设计参数有问题（包括 PCB 布局），需要进行检查，检查的重点放在补偿回路参数的合理性以及电流、电压检测反馈信号路径是否有干扰源。

③ 如果中间没有间断，但是 Jitter 较大，需要考虑电流、电压反馈检测信号是否受到干扰及优化布局来消除这种现象，或者在电流反馈线增加滤波电容消除噪声。

如果 PCB 布局没有问题，调整补偿回路没有效果，那么你就轻松了，通知供货商的 FAE 进行解释，要求他们解决这个问题，然后选择一个好的电源方案重新进行 PCB 布局。

6.5　TI D-Cap2 模式环路稳定性能分析

本节的资料来源于 TI 公司，笔者仅仅进行了翻译和补充说明。

针对 TI 公司的 D-Cap 特殊控制方式，本节进行简单的描述和补充说明。

TI 公司部分电源 IC 方案反馈和传统的 TYPE3 补偿有较大的差异，需要区别对待，可以分类如下：

6.5.1　控制方式简介

1. D-Cap——输出纹波检测反馈模式

① 固定开启时间 T_{on}，波谷检测方式，IC 包括 TPS51116、TPS51117、TPS51120、TPS51315、TPS51216。

② 固定开启时间 T_{on}，纹波斜率 R_{amp} 补偿，波谷检测方式，IC 包括 TPS51123、TPS51124、TPS51125、TPS51218、TPS53124、TPS53125、TPS53126、TPS53127、TPS53219、TPS53355、TPS53315。

③ 固定开关频率，纹波斜率 R_{amp} 补偿，波峰检测方式，IC 包括 TPS51220、TPS51220A、TPS51221、TPS51222。

2. D-Cap2——电感纹波电流检测和电压检测模式

固定开启时间 T_{on}，纹波斜率 R_{amp} 补偿，波谷检测方式，IC 包括 TPS53312、TPS54325、TPS51216。

3. D-Cap+——电流检测模式

① 固定开启时间 T_{on}，带负载线性（Loadline）功能，波谷检测方式，IC 包括 TPS51610、TPS51611、TPS51620、TPS51621、TPS51727、TPS51728、TPS51513。

② 固定开启时间 T_{on}，带负载线性（Loadline）功能，纹波斜率 R_{amp} 补偿，波谷检测方式，IC 有 TPS51317。

③ 固定开启时间 T_{on}，带负载线性（Loadline）功能，纹波斜率 R_{amp} 补偿和 TYPE3 电压补偿，波谷检测方式，IC 有 TPS51640。

4. D-Cap3

在 D-Cap2 的基础上，增加了纹波微调适配电路和电流精度检测电路。

TI 公司使用纹波电流和电压的方式来检测输出电压，两者进行叠加处理以后，发给比较器（传统的使用运算放大器）进行比较，从而调整脉宽控制器的占空比来调节输出电压。对于电流控制以及零极点的排布都很难理解，下面将会对 D-Cap2 进行重点讲解，其他控制方式读者可以参考 TI 公司的规格书。

5. D-Cap 原理图

图 6.40 原理说明：反馈电压 V_{FB} 等于电流反馈 V_c 和电压反馈 V_f 的总和。

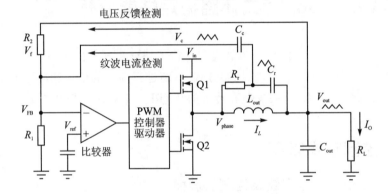

图 6.40　D-Cap2 电压反馈电路原理图

① 电压反馈。和传统的电压反馈一样，通过电阻 R_2 和 R_1 进行分压得到 V_f，传统的电压反馈需要通过运算放大器将反馈信号进行放大送给 PWM 控制器进行处理，而 TI 公司使用的是比较器，只要 V_{BF} 高于门限值 V_{ref}，比较器将会翻转，通过内部逻辑电路的处理，触发 PWM 控制器调整脉冲调制的宽度，从而控制输出电压的幅度。

② 电流反馈。电流反馈是通过 R_r、C_r 和 C_c 进行分压和耦合以后得到 V_c，和 V_f 合成到比较器的负端与参考电压进行比较，通过内部的逻辑信号处理触发 PWM 控制器调整占空比，从而调节输出电压。

6.5.2　参数设定

1. T_{on} 发生器原理图

图 6.41 中，通过 V_{phase}（平均电压等于输出 V_{out}）给定时电容 C 进行充电，就可以调节 PWM 控制的开启时间 T_{on}。当 V_{fb} 信号高于 V_{p1} 时，T_{on} 将会结束，PWM 控制信号将会进入关断时间 T_{off} 阶段；当 V_{fb} 信号低于 V_{p1} 时，PWM 控制信号将会再次

开启。

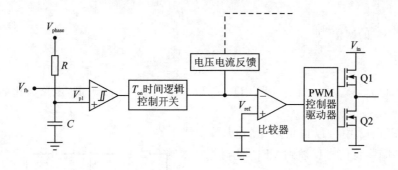

图 6.41 t_{on} 发生器原理图

下面公式中 D 是脉宽调制占空比，f_{sw} 是开关频率。
根据公式：

$$CV = It$$

得到

$$t_{on} = \frac{V_{out}C}{V_{in}/R} = \frac{V_{out}}{V_{in}}RC = DRC$$

根据幅秒平衡的原理：

$$t_{on} = Dt = D/f_{sw}$$

最终将会强迫开关频率：

$$f_{sw} = \frac{1}{RC}$$

因此，t_{on} 一定以后，控制电容 C 的充电就可以控制开关频率的大小。在实际调试中发现，开关频率在重载和轻载有较大的变化就是这个原理。

2. 电压反馈回路

电压反馈是通过电阻 R_1 和 R_2 来完成的。从电路中分析，并没有与之相关联的电容进行零极点补偿，实际上这两个组件和电流反馈有比较大的关系，后面将会进行详细的讲解。

3. 电流反馈回路

图 6.42 中，R_r、C_r 和输出电感并联，R_r 和 C_r 适配以后，通过检测电感的纹波电流来进行反馈，R_r 和 C_r 分压通过 C_c 耦合以后将信号反馈到 VFB 端，进行电压调节。

电容 C_r 两端的电压 V_{rc} 和开关管的开关有密切关系，当上管导通时，电感两端的电压为 $V_{in} - V_{out}$。这个电压通过 R_r 对 C_r 充电，充电电流为（$V_{in} -$

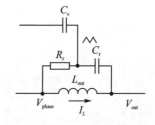

图 6.42 RCC 输出电感纹波检测电路

$V_{out})/R_r$,根据公式:

$$CV = It$$

得到电容 C_r 的幅值为

$$V_{rc} = \frac{V_{in} - V_{out}}{R_r C_r} t_{on}$$

初始化时,$V_{out}=0$,当 Q1 开启 Q2 关闭时,输出电压开始升起,电路简化如图 6.43 所示。

从图 6.43 中可以得出,V_{phase} 电压通过 R_r 和 C_c 将信号反馈到 VFB,此时电路增益为

$$G_{ain1} = \frac{R_1 /\!/ R_2}{R_r + R_1 /\!/ R_2}$$

得到一个零点频率:

$$f_z = \frac{1}{2\pi C_c (R_1 /\!/ R_2)}$$

得到一个极点频率:

$$f_p = \frac{1}{2\pi C_r (R_1 /\!/ R_2)}$$

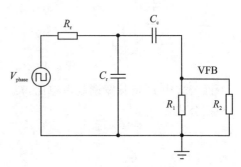

图 6.43 RCC 输出电感纹波检测等效电路(Q1 开启,Q2 关闭)

时间常数 t_c 为

$$t_c = C_c(R_1 /\!/ R_2)$$

折算成频率为

$$f_c = \frac{1}{2\pi C_c(R_1 /\!/ R_2)}$$

当电感上面的反馈信号大于这个频率,都可以反馈到 VFB 端,信号大于这个信号,将会被滤除。

根据零极点的概念,f_z 将会对波特性的相位裕度有较大的影响,如图 6.44 所示。

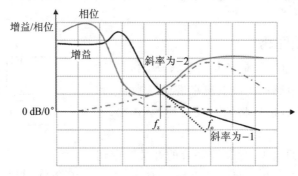

图 6.44 RCC 电路对增益和相位的影响

当输出电压达到目标值以后,Q1 关闭 Q2 导通,$V_{\text{phase}}=0$,电路简化如图 6.45 所示。

从图 6.45 中可以得出,V_{out} 通过 C_r、C_c 和 R_2 将信号反馈到 VFB,此时电路增益为

$$G_{\text{ain2}} = \frac{R_1}{R_1+R_2}$$

从简化电路可以得出,得到一个零点频率:

$$f_z = \frac{1}{2\pi C_c R_2}$$

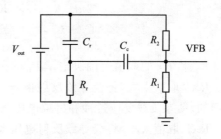

图 6.45　RCC 输出电感纹波检测等效电路(Q2 开启,Q1 关闭)

4. 输出纹波反射反馈

C_r 上的电压还有另外一个分量——输出电容纹波电压 V_{esr}。V_{esr} 通过 C_r 反馈到 C_c 耦合到 VBF 端进行反馈。

VBF 反馈计算:TI 公司规定 R_r 和 C_r 的电感纹波检测幅值 V_{rc} 必须大于 15 mV,各个分量计算如下:

① V_{rc} 的计算,TI 公司规定为 15 mV。

$$V_{\text{rc}} = \frac{V_{\text{in}}-V_{\text{out}}}{R_r C_r} t_{\text{on}} = \frac{(V_{\text{in}}-V_{\text{out}})V_{\text{out}}}{R_r C_r V_{\text{in}} f_{\text{sw}}} \geqslant 15 \text{ mV}$$

通过上面的公式将会限定 $R_r C_r$ 的最大值。

② V_{esr} 的计算:

$$V_{\text{esr}} = I_{\text{ripple}} \text{ESR}$$

式中,ESR 为输出电容串联等效电阻。

③ 输出电容容量纹波分量 $V_{C_{\text{out}}}$ 的计算:

$$V_{C_{\text{out}}} = \frac{I_{\text{ripple}}}{8C_{\text{out}} f_{\text{sw}}} = \frac{V_{\text{out}}(V_{\text{in}}-V_{\text{out}})}{8C_{\text{out}} f_{\text{sw}} f_{\text{sw}} L_{\text{out}} V_{\text{in}}}$$

④ V_{rc}、V_{esr} 和 $V_{C_{\text{out}}}$ 反馈量的合成:

$$\text{VFB0} = \sqrt{(V_{\text{esr}}+15 \text{ mV})^2 + V_{C_{\text{out}}}^2}$$

⑤ 反馈到 VFB 端的电压合成为

$$\text{VFB} = V_{\text{ref}} + \frac{\text{VFB0}}{2}$$

6.5.3　R_r、C_r、C_c 的计算

先定义 C_r 的容量大小,TI 公司建议为 $0.01 \sim 0.22~\mu\text{F}$,取值 $0.1~\mu\text{F}$,再来计算 R_r 的大小。

1. R_r 的计算

R_r 的计算比较复杂,必须满足下面的条件:

① 频率范围限定 R_r 的取值：

$$\frac{R_r C_r}{2\pi L_{out} C_{out}} \leqslant \frac{f_{sw}}{K_1} \quad (K_1 = 3 \sim 8)$$

$$\frac{C_r + C_c}{2\pi C_r C_c R_1} \leqslant \frac{f_{sw}}{K_1 K_2} \quad (K_2 = 3 \sim 8)$$

K_1 和 K_2 的取值范围决定了 R_r 的大小。

$R_r C_r$ 取值太大，将会导致反射电压太小，Jitter 将会变得比较差，增益和带宽将会增加，动态负载反应过冲和过放电压减小。

$R_r C_r$ 取值太小，将会导致反射电压太大，增益和带宽将会减小，动态反应过冲和过放电压将会增加，Jitter 将会变得比较好。

当然，增益、带宽以及 Jitter 和电容 C_c 也有直接的联系，后面将会进行描述。R_r 和 C_r 对 Jitter 以及输出动态波形测试：

a. 当 $R_r = 10$ kΩ，$C_r = 0.1$ μF，$C_c = 1$ nF 时，Buck 电路 Jirr 波形如图 6.46 所示。

图 6.46 为 $R_r = 10$ kΩ，$C_r = 0.1$ μF，$C_c = 1$ nF 时 Buck 电路 Phase 点波形，Jitter 为 57%，测试结果 Fail。

图 6.47 为 $R_r = 10$ kΩ，$C_r = 0.1$ μF，$C_c = 1$ nF 时 Buck 电路输出负载动态波形，峰峰值为 20 mV。

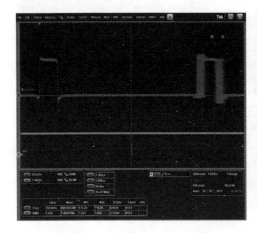

图 6.46 当 $R_r = 10$ kΩ，$C_r = 0.1$ μF，$C_c = 1$ nF 时，Jirr 的波形

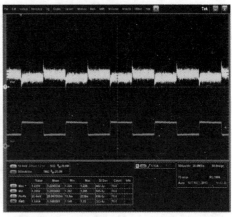

图 6.47 输出负载动态波形 1

b. 当 $R_r = 0.75$ kΩ，$C_r = 0.1$ μF，$C_c = 1$ nF 时，Buck 电路 Jirr 波形如图 6.48 所示。

图 6.48 为 $R_r = 0.75$ kΩ，$C_r = 0.1$ μF，$C_c = 1$ nF 时 Buck 电路 Phase 点波形，Jitter 为 19.05%，测试结果 Pass。

图 6.49 为 $R_r = 10$ kΩ，$C_r = 0.1$ μF，$C_c = 1$ nF 时 Buck 电路输出负载动态波形，峰峰值为 40 mV。

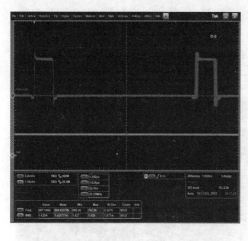

图 6.48 当 $R_r=0.75\ \text{k}\Omega, C_r=0.1\ \mu\text{F}$, $C_c=1\ \text{nF}$ 时，Jitter 的波形

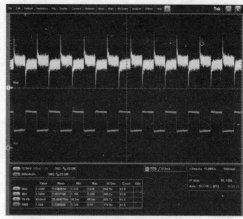

图 6.49 输出负载动态波形 2

② TI 公司的 R_rC_r 纹波反射要求必须大于 15 mV 的要求限定：

$$V_{rc}=\frac{V_{in}-V_{out}}{R_rC_r}T_{on}=\frac{(V_{in}-V_{out})V_{out}}{R_rC_rV_{in}f_{sw}}\geqslant 15\ \text{mV}$$

2. C_c 的计算

理论上讲，$C_c \ll C_r$，定义如下：

$$C_r \gg C_c > \frac{1}{2\pi f_{sw}(R_1\ //\ R_2)}$$

C_c 的计算是根据零点公式来定义的，C_c 和 $R_1\ //\ R_2$ 形成一个滤波器，滤波器的截止频率必须小于 f_{sw}，否则将会有开关噪声反馈到 VFB 端，造成输出电压不稳定。

另外，电容 C_c 对耦合信号的大小有较大的影响。C_c 太大，将会导致反馈信号太大，增益和带宽减小，动态负载反应过冲和过放电压增加，Jitter 变得比较好；C_c 取值太小，将会导致反射电压太小，Jitter 变得比较差，增益和带宽增加，动态反应过冲和过放电压减小。

a. 当 $R_r=0.75\ \text{k}\Omega, C_r=0.1\ \mu\text{F}, C_c=220\ \text{pF}$ 时，Buck 电路 Jitter 波形如图 6.50 所示。

图 6.50 为 $R_r=0.75\ \text{k}\Omega, C_r=0.1\ \mu\text{F}, C_c=220\ \text{pF}$ 时 Buck 电路 Phase 点波形，Jitter 为 23.8%，测试结果为 Fail。

图 6.51 为 $R_r=0.75\ \text{k}\Omega, C_r=0.1\ \mu\text{F}, C_c=220\ \text{pF}$ 时 Buck 电路输出负载动态波形，峰峰值为 28 mV。

b. 当 $R_r=0.75\ \text{k}\Omega, C_r=0.1\ \mu\text{F}, C_c=1\ \text{nF}$ 时，Buck 电路 Jitter 波形如图 6.52 所示。

第6章 Buck 电路反馈回路调节原理及动态分析

图 6.52 为 $R_r=0.75\ \text{k}\Omega, C_r=0.1\ \mu\text{F}, C_c=1\ \text{nF}$ 时 Buck 电路 Phase 点波形,Jitter 为 19.05%,测试结果为 Pass。

图 6.53 为 $R_r=0.75\ \text{k}\Omega, C_r=0.1\ \mu\text{F}, C_c=1\ \text{nF}$ 时 Buck 电路输出负载动态波形,峰峰值为 38 mV。

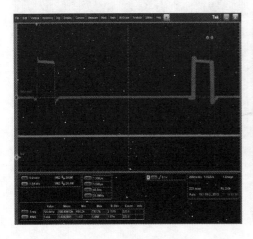

图 6.50 当 $R_r=10\ \text{k}\Omega, C_r=0.1\ \mu\text{F}, C_c=1\ \text{nF}$ 时,Jirr 的波形

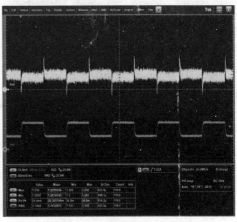

图 6.51 输出负载动态波形 3

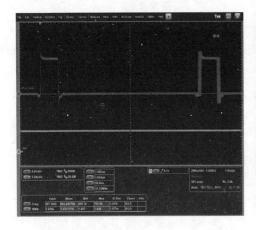

图 6.52 当 $R_r=0.75\ \text{k}\Omega, C_r=0.1\ \mu\text{F}, C_c=1\ \text{nF}$ 时,Jirr 的波形

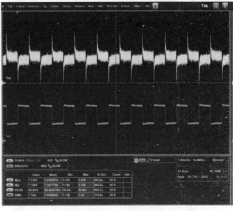

图 6.53 输出负载动态波形 4

TI 公司的反馈回路和 TYPE3 的差异,请读者自行根据上面的结论进行比较,在此不再累述。

第 7 章

主板电源 PCB 布局的设计要求

主板 PCB 布局设计至关重要,布局不合理,将会导致 Buck 电源工作不稳定,甚至通过调整补偿回路也不能解决问题。另外,PCB 布局不合理,不能通过直观感觉就能看出来,需要经验和理论知识一步一步积累才能变成感性认识,PCB 布局须注意以下几点:

① 干扰源的确定。

电流干扰源:

$$\Delta V = L \frac{\Delta i}{\Delta t}$$

电压干扰源:

$$\Delta i = C \frac{\Delta V}{\Delta t}$$

② 信号流程:所有组件必须放置在信号流程经过的路径才能起作用,偏离信号流程将会导致失效或者达不到预期的设计效果。

③ 功率密度大的地方禁止走高速信号,包括地线也是一样。

④ 输入/输出铜皮越宽越好,如果有过孔,过孔数量越多越好。

⑤ 输入/输出一定要经过电容以后才能给负载供电。

⑥ 原则上,40 mil 宽的铜皮电流预算为 1 A,过孔为 2010 的,电流为 0.5~0.8 A。

⑦ 大地的铺设需要进行区分:模拟大地和数字大地需要严格分开,通过 0 Ω 电阻或者不同的网络名称汇总在一起,铜皮越宽越好。

注:主板电源 PCB 布局中,通常使用 2412 和 2010 两种过孔,前两位数字表示过孔外径尺寸,后两位数字表示过孔内径尺寸,单位为 mil,1 mil=0.025 4 mm。

7.1 主板 PCB 布局工具简介

PCB 布局需要使用一种 PC 软件来完成,根据公司规模以及产品特性来选择对应的软件,常用的 PCB 布局软件有下面四种。

1. Protel PCB 布局软件

早期的 Protel 主要作为印制板自动布线工具使用,运行在 DOS 环境,最新升级版的 Protel 已发展到 DXP 版本,是个庞大的 EDA 软件,工作在 Windows 环境下,包含了电路原理图绘制、模拟电路与数字电路混合信号仿真、多层印制电路板设计、可编程逻辑器件设计、图表生成、电子表格生成、支持宏操作等功能,还兼容一些其他设计软件的文件格式,如 ORCAD、PSPICE、EXCEL 等。Protel 具有以下特点:

① 良好的集成性和全局编辑能力;
② 先进的自动布线功能以及布线规则设置;
③ 优越的混合信号电路仿真;
④ 完善的库管理功能;
⑤ 输入和输出 DXF、DWG 格式文件,实现和 AutoCAD 等软件的数据交换;
⑥ 运行原理图和 PCB 时,在打开的原理图和 PCB 图间允许双向交叉查找元器件、引脚、网络。

2. PADS 设计软件

PADS 软件是 Mentor Graphics 公司的电路原理图和 PCB 设计工具软件。Mentor Graphics 公司的 PADS Layout/Router 环境作为业界主流的 PCB 设计平台,支持完整的 PCB 设计流程,涵盖了从原理图网表导入、交互式布局布线,DRC/DFT/DFM 校验与分析,生产文件(Gerber)的生成、装配文件及物料清单(BOM)输出等。按时间先后顺序有下面版本的应用:

PowerPCB 2005→PowerPCB 2007→PADS 9.0→PADS 9.1→PADS 9.2→PADS 9.3→PADS 9.4→PADS 9.5。

3. OrCAD 公司的 Allegro 软件

OrCAD 公司是全球主要的 Windows EDA 软件和服务的供应商,在 FPGA、CPLD、模拟和混合电路、PCB 等领域为电子公司提供了全方位的解决方案,其中 Allegro 是该公司推出的先进 PCB 设计布线工具。

Allegro 提供了良好交互的工作接口和强大完善的功能,与其前端产品 Cadence、OrCAD、Capture 的结合,为当前高速、高密度、多层的复杂 PCB 设计布线提供了最完美的解决方案。用户只需按要求设定好布线规则,在布线时不违反 DRC 就可以达到布线的设计要求,从而节约了烦琐的人工检查时间,提高了工作效率;更能够定义最小线宽或线长等参数,以符合当今高速电路板布线的种种需求。

4. Mentor 设计工具

Mentor Graphics 公司的客户遍布全球航空、航天、军工、通信、汽车、消费电子、计算机、半导体等行业。美国军方和全球通信界均大量采用 Mentor 公司的设计工具和解决方案。

在 VHDL 及混合硬件描述语言的仿真、FPGA 组件的合成以及设计的捕捉与管理等方面,Mentor Graphics 都是市场的领军厂商。

7.2 LDO 电路组件 PCB 布局要求

低压差线性稳压器(LDO)结构比较简单,输入电流等于输出电流,电路如图 7.1 所示。

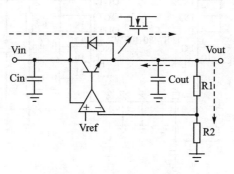

图 7.1　LDO 基本原理图

图 7.1 中虚线箭头为信号流程,有些 LDO 使用场效应管作为调整管,如箭头所示。

TI 公司的 TPS74801 内部电路如图 7.2 所示。

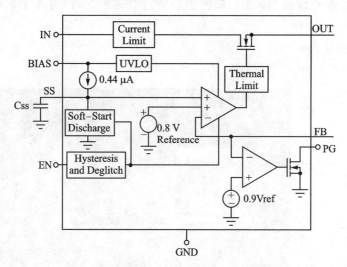

图 7.2　TI 公司 TPS74801 内部电路原理图

图 7.3 所示为 TPS74801 应用电路原理图,P3V3_AUX 为输入,P1V8_AUX 为输出。

图 7.3 TPS74801 原理说明:输入电压经过 C3 流向 LDO(U1),经过 C2、C4 流向负载,同时,通过反馈电阻 R3、R2 分压将负载点电压反馈给 U1 的反馈引脚 FB,从而保证输出电压稳定。

根据信号流程,对各个组件逐一说明。

第 7 章 主板电源 PCB 布局的设计要求

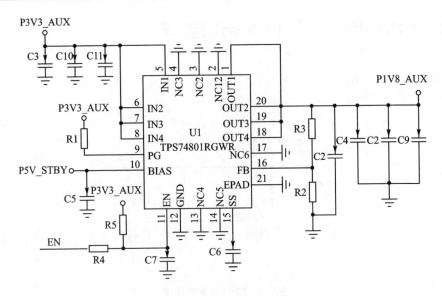

图 7.3 TI 公司 TPS74801 应用原理图

7.2.1 输入电容的 PCB 布局要求

输入电容需要放置在 U1 的输入引脚附近且越近越好,分为下面的情况进行讨论:

① 输入电压直接通过 PCB 顶层进入 LDO 输入电压引脚,需要将输入电容 C3 放置在输入引脚 6、引脚 7、引脚 8 附近,PCB 布局如图 7.4 所示。

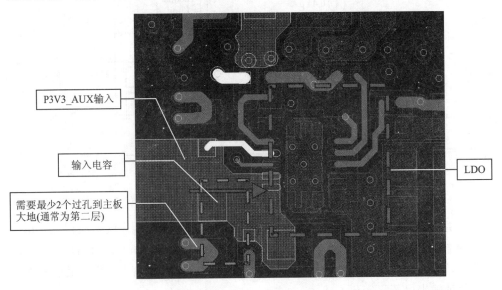

图 7.4 LDO PCB 布局图 1

图 7.4 中,P3V3_AUX 为 LDO 输入电压 PCB 铜皮,电容 C3 必须靠近 LDO 的输入引脚,箭头为信号流程主线路。

② 输入电压通过 PCB 内层进入 LDO IN 引脚,需要通过过孔换层到顶层,经过输入电容以后连接到输入引脚 6、引脚 7、引脚 8 附近,PCB 布局如图 7.5 所示。

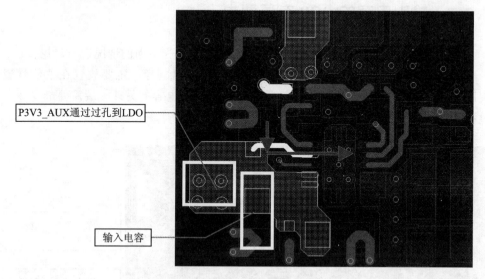

图 7.5　LDO PCB 布局图 2

4 个过孔从内层连接到输入电容以后,再给 LDO 供电,输出电容接地端最少 2 个过孔到大地(通常主板的第二层为大地)。

图 7.6 PCB 布局是不容许的。

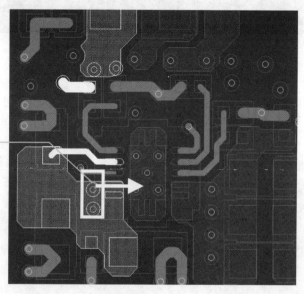

图 7.6　LDO PCB 布局图 3

第7章 主板电源 PCB 布局的设计要求

图 7.6 中,P3V3_AUX 通过过孔直接到 LDO 的输入引脚,输入电容不在主信号流程上面,不能充分发挥作用,导致 LDO 在做动态操作时输入电压不稳定,严重时将会导致输出电压低频振荡。这种 PCB 布局应该禁止。

7.2.2 输出电容的 PCB 布局要求

输出电容需要放置在 U1 的电压输出引脚附近,分为下面的情况进行讨论:
① 负载通过顶层直接到负载点的布局:要求输出电容一定要放置在主信号流程路径上,这样才能更好地发挥电容的稳压滤波作用;电容的另外一端需要最少2个过孔到地,如图 7.7 所示。

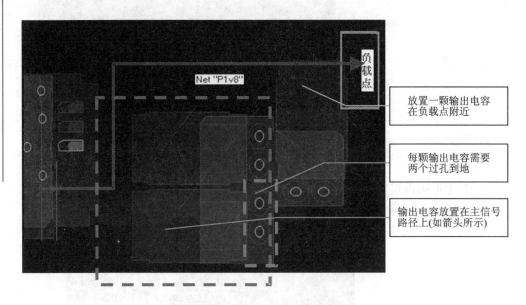

图 7.7 LDO PCB 布局图 4

可以考虑放置最少 1 颗输出电容在负载点附近,以减少动态负载的电压波动。
② 负载点离 LDO 输出比较远,通过内层连接到负载点,PCB 布线要求:所有过孔需要放置在输出电容之后,如图 7.8 所示。过孔数量需要根据电流的最大值来确定,通常按照 1 A/Via 来确定过孔数量。一定要放置最少 1 颗输出电容在负载点附近,以减少动态负载的电压波动。
③ 图 7.9 的布局是不合理的。
图 7.9 中输出走线铜皮通过过孔走内层辅设,走线到负载点,如图 7.9 中①所示,两个过孔放置在 U1 的输出引脚,远离输出电容,电容稳压滤波效果不好。

第 7 章 主板电源 PCB 布局的设计要求

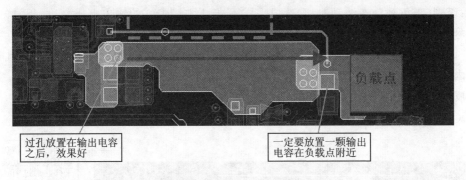

图 7.8　LDO PCB 布局图 5

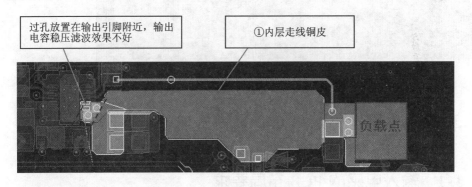

图 7.9　LDO PCB 布局图 6

7.2.3　反馈信号走线的 PCB 布局要求

① 反馈电阻近端感应输出电压布局要求：图 7.10 中，负载点电压通过 R3 和 R2 分压以后反馈给 U1 的电压反馈端 FB，采样点必须是输出电容附近，不能偏离太

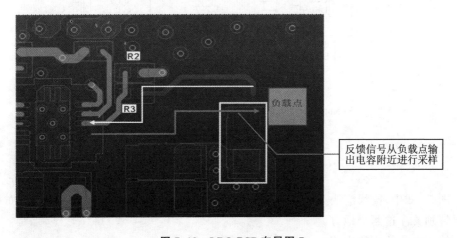

图 7.10　LDO PCB 布局图 7

远;否则,当负载动态波动时,会造成采样不准,影响 LDO 的输出电压精度。采样电阻尽量靠近 LDO 的电压反馈引脚 FB 附近。

② 反馈电阻远端感应输出电压布局要求:图 7.11 中,输出铜皮通过 4 个过孔通过内层和负载点进行布线,最后连接到顶层以后,一定先通过电容才能到负载点。远端反馈点需要靠近输出电容 C2 的附近进行反馈,通过 2 个过孔和 R3 进行连接,给 LDO 的电压反馈引脚 FB 进行反馈。

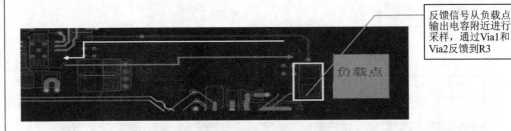

图 7.11 LDO PCB 布局图 8

7.3 Buck 电路组件 PCB 布局要求

7.3.1 输入电感的 PCB 布局要求

单相的 Buck 电路相对 LDO 要复杂一点,电路简图如图 7.12 所示。

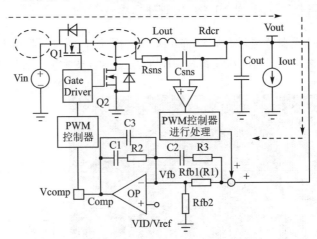

图 7.12 Buck 电路信号流程图

图 7.12 中,虚线箭头为信号流程,虚线圆圈为干扰源比较大的地方,PCB 布局需要特别关注这两个地方。

输入电感的主要作用:

第 7 章　主板电源 PCB 布局的设计要求

① 和输入电容配合使用,起稳压滤波的作用;

② 阻止 Buck 电路的噪声传到系统中,干扰其他信号。

输入电感实物图(图 7.13)。

输入电感在电路中的位置:

① 功率电感在电路中的表现形态。图 7.14 中展现的是输入功率电感在电路中的符号及位置。

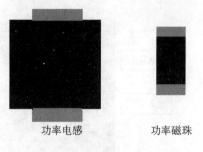

图 7.13　功率电感实物图片

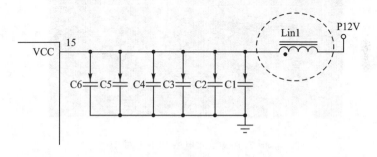

图 7.14　输入功率电感在电路中的符号及位置

② 磁珠在电路中的表现形态。图 7.15 中展现的是输入功率磁珠在电路中的符号及位置。

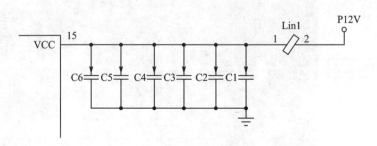

图 7.15　输入功率磁珠在电路中的符号及位置

输入电感的 PCB 布局要求:

① 输出/输入电感需要靠近输入电容摆放,越近越好,如果 P12V 是通过内层供电,则要求电感输入端的过孔左右对称放置,参考图 7.16。

② 输入电感和输入电容越近越好,图 7.17 所示的布局不合理。

③ 输入电感离输入电容太远,滤波稳压效果不好,参考图 7.18。

图 7.18 中,输入电压 P12V 通过内层供电,输入电感输入端放置的过孔不对称,不合理。磁珠的放置和功率电感一样,在此不再赘述。

第 7 章　主板电源 PCB 布局的设计要求

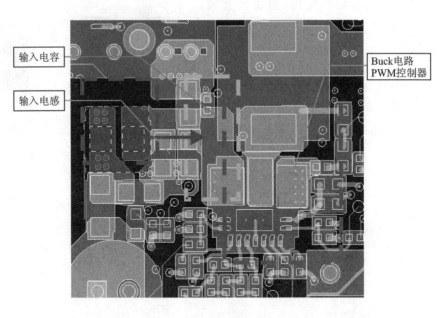

图 7.16　输入电感 PCB 布局 1

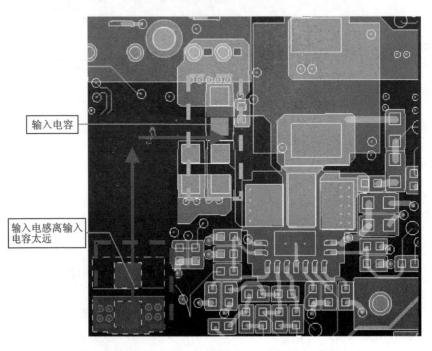

图 7.17　输入电感 PCB 布局 2

第 7 章　主板电源 PCB 布局的设计要求

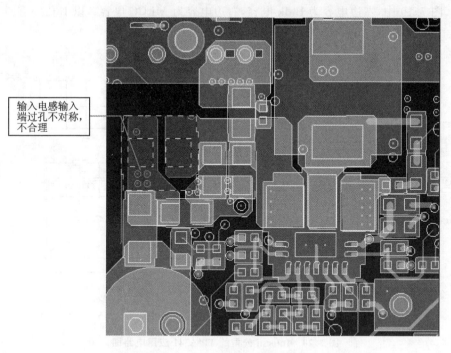

图 7.18　输入电感 PCB 布局 3

7.3.2　输入电容的 PCB 布局要求

输入电容距离放置在 Buck 电路上面的场效应管越近越好，到大地的回路越短越好，这样可以减少场效应管的 Vds 尖峰值。

输入电容分为两种：Bulk 电容和 MLCC 电容，如图 7.19 所示。

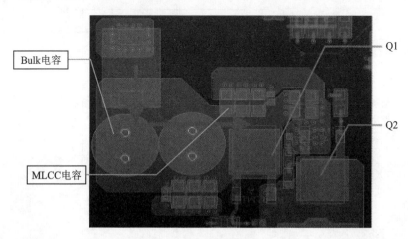

图 7.19　输入电容在电路中的位置

第7章 主板电源 PCB 布局的设计要求

图 7.19 中，左边电容为 Bulk 电容，右边电容为 MLCC 电容。以 Intersil 公司的 ISL6341 为例，输入使用 MLCC 电容的电路参考图 7.20。

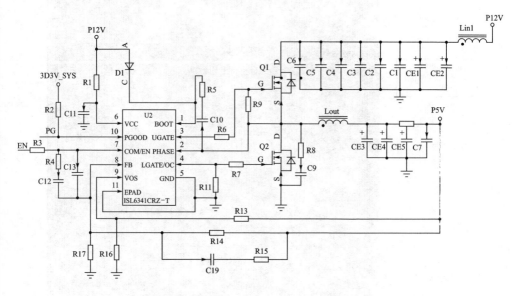

图 7.20 Intersil 公司的 TPS6341 应用电路图

输入使用 MLCC 和 Bulk 电容的供电方式如图 7.21 所示。

图 7.21 中，CE1 和 CE2 是 Bulk 电容；C1，C2，C3，…，C8 是 MLCC 电容。Bulk 电容容量较大，主要作用是稳压；MLCC 电容的作用是减小纹波电压。根据这两种电容，分开进行说明。

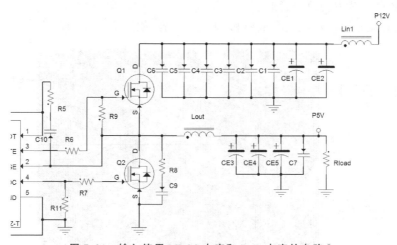

图 7.21 输入使用 MLCC 电容和 Bulk 电容的电路 *

---

* 本书中此类图因为软件原因，器件符号未做标准化处理。

第 7 章　主板电源 PCB 布局的设计要求

1. Bulk 电容 PCB 布局要求

Buck 电路中,如果使用 Bulk 电容,位置通常都放置在输入电感之后和主供电线路上,如图 7.22 所示。

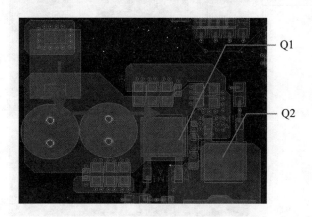

图 7.22　输入电容 PCB 布局 1

输入 Bulk 电容一定要放置在主供电线路上,不能偏离太远,图 7.23 的布局不合理。

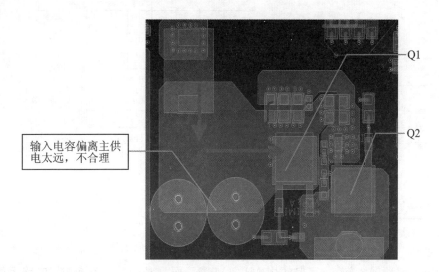

图 7.23　输入电容 PCB 布局 2

如果输入电压通过多层给 Buck 电路输入供电,需要在输入电感和电容附件放置过孔,如图 7.24 所示。

2. MLCC 电容 PCB 布局要求

输入只有 MLCC 电容的电路原理如图 7.25 所示。

第 7 章 主板电源 PCB 布局的设计要求

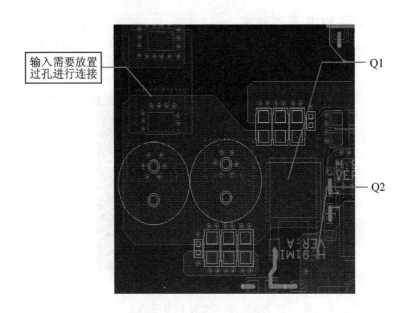

图 7.24 输入电容 PCB 布局 2

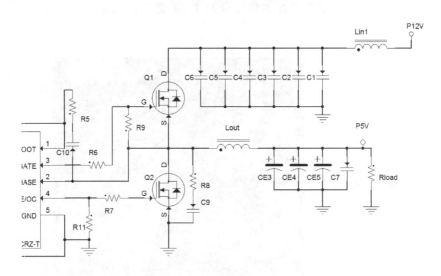

图 7.25 输入只有 MLCC 电容的电路原理图

Buck 电路输入端,一定要使用 MLCC 电容,而且必须放置在 Buck 电路上管附近,且放置在输入主通路中,参考图 7.26。

如果输入电压通过多层给场效应管供电,需要在输入电感和电容附件放置过孔,同时在底层放置 MLCC 电容,和顶层电容进行叠加,位置一样,如图 7.27 所示。

MLCC 电容不能离场效应管太远,否则 MLCC 电容效果将会比较差,图 7.28 不合理。

第7章 主板电源 PCB 布局的设计要求

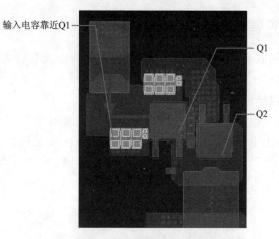

图 7.26 输入电容 PCB 布局 3

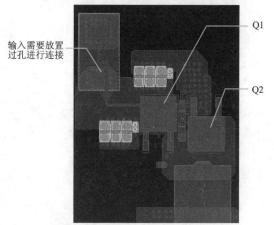

图 7.27 输入电容 PCB 布局 4

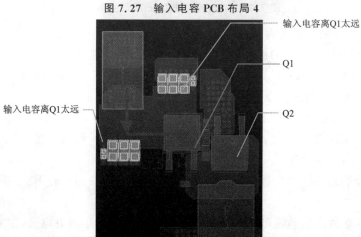

图 7.28 输入电容 PCB 布局 5

7.3.3 场效应管的 PCB 布局要求

Buck 电路的场效应管是主要的功率器件,流过的电流比较大,Q1 和 Q2 到大地的回路越小越好,PCB 布局考虑的指标有两点:

① 两个回路阻抗值越小越好(如图 7.29 所示)。

回路一:从输入电感 Lin 到 Q1,再到输出电感和输出电容,最后到 RL。

回路二:从输出电感输出电容到 RL,最后通过 Q2 形成回路。

② PCB 布局的引线以及寄生电感 Lds 的距离越短越好(Lds1～Lds4),如图 7.29 所示。

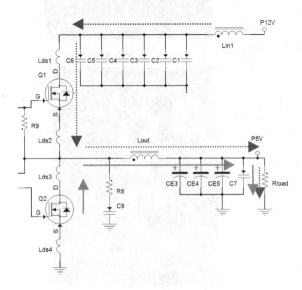

图 7.29 Buck 电路 PCB 布局寄生电感

图 7.29 中,虚线箭头为回路一,实线箭头为回路二。

场效应管 Q1 和 Q2 的摆放要求:Q1 和 Q2 的间距越小越好,且 Lds2、Lds3 和 Lout 之间的距离越小越好。干扰源位置:Q1 的 D 极和 S 极,Q2 的 D 极以及输出电感 Lout 和 Q1、Q2 的连接点。

组件摆放位置分析:

① 最佳元件摆放位置:图 7.30 中,Q1、Q2 和 Lout 路径最短,输入电容靠近 Q1,这种摆放效果最好。

② 可接受元件摆放位置:图 7.31 中,Q1、Q2 和 Lout 路径较图 7.30 逊色,摆放效果一般。

③ 组件摆放位置勉强可以接受:图 7.32 中,Q1、Q2 距离有点远,摆放效果勉强可以接受。

④ 组件摆放位置比较差:图 7.33 中,Q1 和 Q2 距离较远,且输入电容稍远离

Q1,摆放效果不能接受。

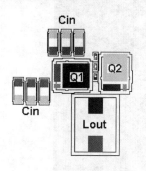

图 7.30　Q1 和 Q2 的最佳摆放位置

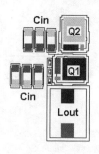

图 7.31　Q1 和 Q2 可以接受的摆放位置

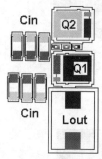

图 7.32　Q1 和 Q2 勉强可以接受的摆放位置　　图 7.33　Q1 和 Q2 不能接受的摆放位置

⑤ 组件位置不能接受：图 7.34 中，Q1 和 Q2 距离较近，但是输出电感位置比较局促，不利于输出铜皮的设计。

⑥ 组件位置最差，完全不能接受：图 7.35 和图 7.34 问题一样。

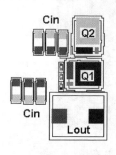

图 7.34　Q1 和 Q2 不能接受的摆放位置　　图 7.35　Q1 和 Q2 完全不能接受的摆放位置

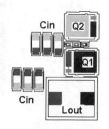

关于场效应管的 PCB 布局要求，需要针对不同的输入电压路径进行说明。

① 输入电压只有顶层供电方式。如图 7.36 所示，输入电压经过电感以后，只有顶层给 Q1 供电，要求电源先通过输入电容以后才能连接到 Q1 的 D 极。

② 输入电压通过内层进行供电方式。如图 7.37 所示，输入电压顶层有铜皮供

第 7 章 主板电源 PCB 布局的设计要求

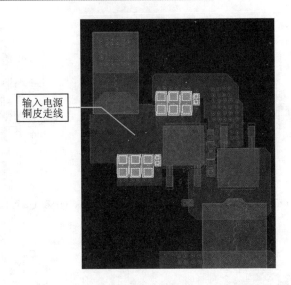

图 7.36 输入电压从顶层供电 PCB 布局

电,同时通过过孔经过内层给 Q1 供电,要求内层电源先通过过孔经过输入电容以后才能连接到 Q1 的 D 极。

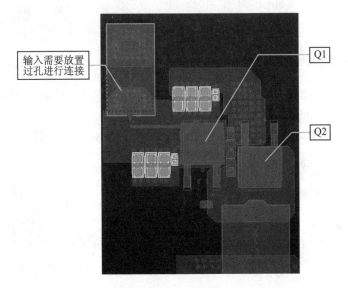

图 7.37 输入电压从内层供电 PCB 布局

输入电压通过内层到顶层时,放置的过孔需要放置在输入电容附件,越近越好,如果有可能顶层一定也需要放置相同数量的电容和顶层电容的位置一样进行叠加放置,如图 7.38 所示。

图 7.39 这种过孔的放置方法是不容许的。图 7.39 中,输入 Via 放置位置错误,需要放置在输入电容之前才比较合理。

第 7 章　主板电源 PCB 布局的设计要求

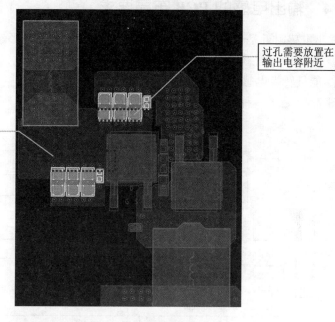

图 7.38　输入电压从顶层供电 PCB 布局

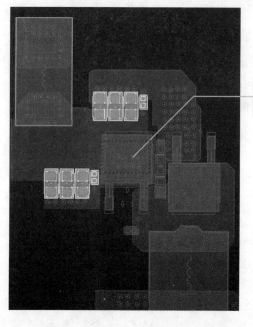

图 7.39　输入 Via 错误放置

7.3.4 输出电感的 PCB 布局要求

输出电感附近是干扰源最大的地方,电路中有两种表现形态出现:
① 能量转换电感;
② 能量转换电感以及 DCR 电流感应检测。

图 7.40 是第一种表现形态:输出电感仅作为能量转换。

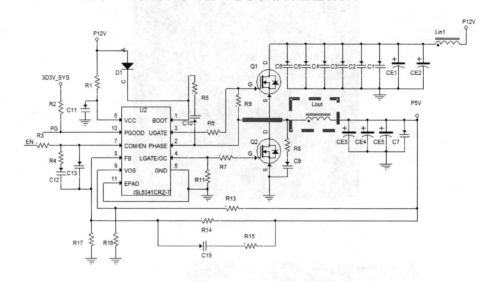

图 7.40 输出电感仅作为能量转换电路

图 7.40 中,在 PCB 布局时,注意电感 L_{out} 左边是 Phase 点(粗线标注的地方),附近以及底层不能走任何电流和电压感应线,包括其他的高速信号线。这部分的干扰源包括电流和电压两部分,下面公式可以充分体现。

电流干扰源:

$$\Delta V = L \frac{\Delta i}{\Delta t}$$

电压干扰源:

$$\Delta i = C \frac{\Delta V}{\Delta t}$$

当 Q1 开启 Q2 关闭时,Phase 点电压升高,偏重于电压干扰;
当 Q1 关闭,Q2 开启时,Phase 点电压降低,偏重于电流干扰。

图 7.41 是第二种表现形态:输出电感作为能量转换和电流检测。

图 7.41 中,除了情况①的作用以外,输出电感还有一个功能,就是利用其直流阻抗来感应电流,电路如图 7.41 所示。Rsns 和 Csns 为检测元件,调整 Rsns 或者 Csns 的大小可以改变感应量。

针对上面介绍的两种情况,对 PCB 的布局将会分开进行说明。

第 7 章　主板电源 PCB 布局的设计要求

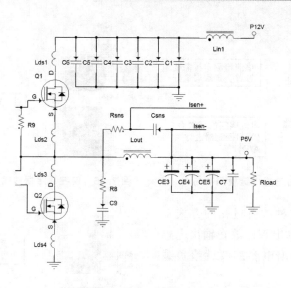

图 7.41　输出电感作为能量转换和电流检测电路

能量转换输出电感的 PCB 布局要求：要求输出电感和开关管 Q1、Q2 的距离越小越好，输出 Bulk 电容和输出电感的距离越小越好。

1. 输出电感和开关管的布局

图 7.42 中，①为输入电压，④为输出，②为 GND，③为 Phase 点，通过上面这种布局，输出电感和 Q1、Q2 的距离均为最短，是比较理想的摆放方案。

PCB 布局铜皮铺设如图 7.43 所示。

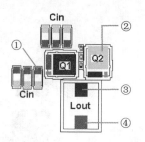 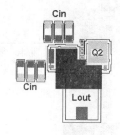

图 7.42　输出电感最佳 PCB 摆放位置　　图 7.43　PCB 布局铜皮铺设

2. 输出电感电流检测功能布局（图 7.44）

电感电流检测走线有比较严格的要求，感应电一定要从电感的中心对称拉线，在放置过孔以后从底层走差分线，Rsns 和 Csns 最好放置在底层，再走线到 PWM 控制器，走线方式一定需要使用差分方式，间距为 8 mil，走线宽度为 5 mil。

针对输出电容的摆放，输出电感的过孔放置也有特别的要求，如下：

① 顶层有输出电容，底层没有输出电容布局要求（图 7.45）。

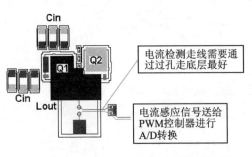
图 7.44 输出电感电流检测布局

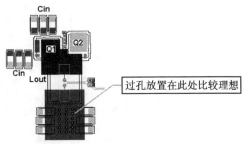
图 7.45 仅在顶层摆放输出电容 PCB 布局

② 图 7.46 这种放置过孔的方式不好。图 7.46 中,输出 Via 放在输出电感下面,没有通过输出电容滤波就给负载供电,布局不合理。

③ 如果负载正对输出,图 7.47 这种方式放置电容不好。

图 7.47 中,顶层铜皮遭到破坏,造成输出到负载点压差较大,PCB 走线最

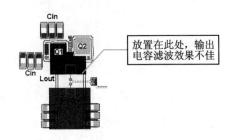
图 7.46 输出 Via 放置不合理

好走顶层和底层直接到负载点,因为 PCB 的顶层和底层铜皮较内层都要厚,阻抗较小,流过的电流密度大。

④ 顶层、底层都有输出电容的 PCB 布局要求(图 7.48)。

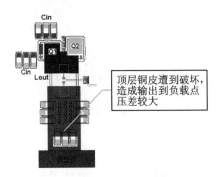
图 7.47 输出电容位置破坏了输出铜皮

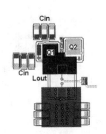
图 7.48 顶层、底层都有输出电容 PCB 布局

图 7.48 中,顶层和底层都有输出电容,过孔可以放置在电感附近。这种情况的前提是,内层有铜皮连接到负载点才可行。

7.3.5 输出电容的 PCB 布局要求

Buck 电路的输出电容主要作用为稳压。当输出电压下降时,输出电容开始放电,使输出电压缓慢下降;当输出电压快速上升时,输出电容开始充电,减慢输出电压

第7章 主板电源 PCB 布局的设计要求

过冲的峰峰值;当负载做动态操作时,输出电容对于输出电压过冲和过放都有较大的作用,电容的布局不合理,将会导致输出电压测试失效。通常而言,输出电容有两种:Bulk 电容和 MLCC 电容。

这两种电容并不是所有的 Buck 电路都会同时使用,各家的 PWM 控制器不同,对输出电容也有一定的要求。针对使用情况,PCB 布局将会分三种情况进行讨论。

1. 输出使用 MLCC 电容的 Buck 电路

① 通过顶层铜皮直接到负载点的布局:图 7.49 中,输出电压通过顶层铜皮直接连接到负载点,MLCC 电容放在主通路中,布局比较合理。

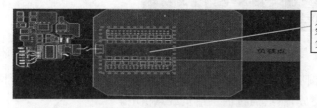

图 7.49 输出电压通过顶层铜皮直接到负载点的布局

② 通过顶层和内层铜皮连接到负载点的布局:图 7.50 中,输出电压通过顶层和内层连接到负载点,需要在输出电容附近放置 Via,和底层电容进行电气连接,同时一定需要在负载点放置过孔和底层电容形成回路。

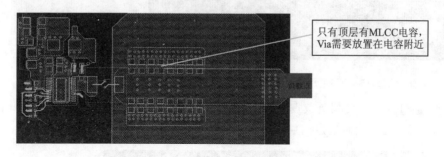

图 7.50 输出电压通过顶层和内层铜皮连接到负载点的布局

③ 通过内层连接到负载点的布局:图 7.51 中,浅灰色网格是内层连接铜皮,负载点需要放置电容才能保证动态测试效果满足输出电压规格要求。

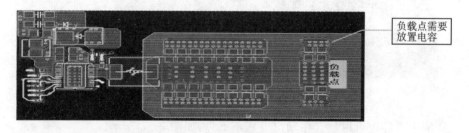

图 7.51 输出电压通过内层连接到负载点的布局

第7章 主板电源PCB布局的设计要求

2. 输出只有Bulk电容的Buck电路

① 通过顶层铜皮直接到负载点的布局：图7.52中，输出电压通过顶层铜皮直接连接到负载点。

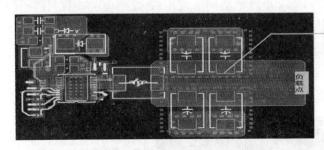

图7.52 输出电压通过顶层铜皮直接到负载点的布局

② 通过顶层和内层铜皮连接到负载点的布局：图7.53中，顶层输出电容和底层输出电容需要正反对称叠放，然后通过内层给负载点供电。

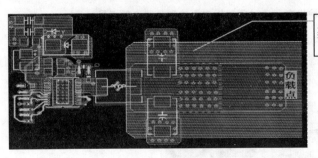

图7.53 输出为Bulk电容的过孔放置方法

③ 通过内层连接到负载点的布局：图7.54中，顶层输出电容和底层输出电容需要正反对称叠放，然后通过内层给负载点供电，最好在负载点放置一颗电容。

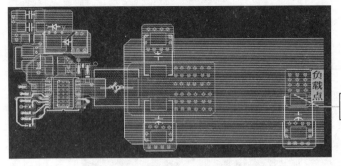

图7.54 输出电压通过内层给负载供电

④ 输出电容也可以放置在输出电感正下方，如图7.55所示。

图7.55中，放置输出电感的过孔将会破坏Phase点的铜皮。也可以将输出电容

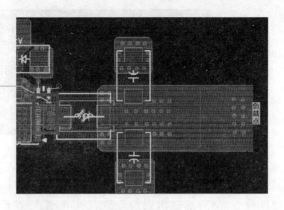

图 7.55　输出电容摆放在输出电感底下

放置在输出电感正下左右两边的位置,如图 7.56 所示。

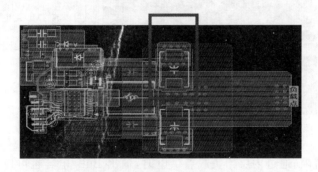

图 7.56　输出电容放置在 PCB 底层(电感下方)

3. 输出有 MLCC 和 Bulk 电容的 Buck 电路

要求:首先,输出电感附近一定要放置 Bulk 电容,其次才是 MLCC 电容。

① 通过顶层直接到负载点的布局:图 7.57 中,顶层铜皮直接连接到负载点。Bulk 电容和 MLCC 电容摆放顺序:先摆放 Bulk 电容,后摆放 MLCC 电容。

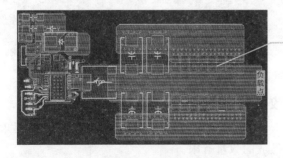

图 7.57　MLCC 电容放置在 Bulk 电容之后

② 通过顶层和内层连接到负载点的布局:图 7.58 中,输出铜皮通过顶层和内层连接到负载点,Via 必须放置在输出电容附近。

第 7 章 主板电源 PCB 布局的设计要求

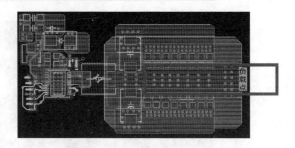

图 7.58 输出铜皮通过顶层和内层连接到负载点的布局

③ 通过内层连接到负载点的布局：图 7.59 中，顶层输出电容和底层输出电容需要正反对称叠放，然后通过内层给负载点供电，最好在负载点放置一颗电容。

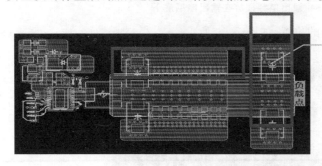

图 7.59 输出铜皮通过内层连接到负载点的布局

如果空间有限，通过内层给负载点供电时，输出 Bulk 电容也可以放置在电感下方，如图 7.60 所示。

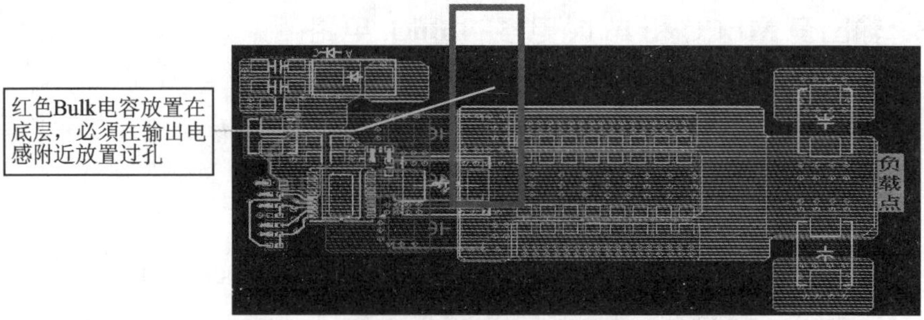

图 7.60 Bulk 电容放置底层（输出电感正底下）

4. CPU Socket 电容摆放要求

Intel 和 AMD 对 CPU Socket 里面的电容的数量有特别的规定，当然要求越多越好，实际上由于空间的限定，摆放的数量有限。

图 7.61 中，要求每颗 MLCC 电容两端都放置 2 个过孔。有部分电源设计工程在 Socket 放置了 Bulk 电容，效果总体来说相差不远，从理论上来看，笔者认为放置 MLCC 电容效果更好一点。

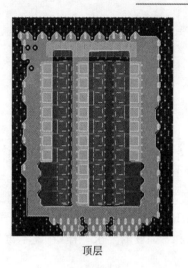 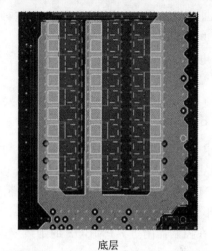

顶层　　　　　　　　　　　底层

图 7.61　CPU Socket 里面电容摆放

7.4　信号检测以及 SVID 与 PMBUS 的走线要求

随着数字 PWM 控制器的技术发展，CPU 与 RAM 的 VRM 都使用 SVID 和 PMBUS 同 CPU 以及 CPLD&BIOS 进行信息交换，信号线定义如下：

① 时钟信号 Clock；

② 串行数据信号 Data；

③ 报警/中断复位信号 Alert。

SVID 和 PMBUS 的信号定义都一样，只是时钟频率不同。通常，SVID 的时钟随着平台不同有较大差异，AMD 公司的要求为 3.4 MHz，而 Intel 公司的要求为 25 MHz。PMBUS 和 I2CBUS 类似，通常时钟频率为 100 kHz 和 400 kHz，电路如图 7.62 所示。

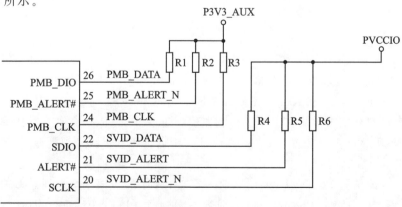

图 7.62　CPU SVID 通信信号电路原理

第7章 主板电源 PCB 布局的设计要求

Buck 电路中,各种感应反馈信号有三种:
① 电压反馈检测,对应电压 Sensor;
② 电流反馈检测,对应电流 Sensor;
③ 温度检测,对应温度 Sensor。
针对这三种检测,PCB 布局有特定的要求,逐一描述如下:

1. SVID PCB 布局走线要求

要求 SVID 的 Data 信号布线在中间,也有要求 Alert 信号布局在中间的要求。但笔者认为最佳的方法是 Clock 走在最外边,其次是 Data 信号,最后是 Alert 信号;Clock 和 Data 信号最好走成差分线,差分距离为 8 mil。这三个信号线离其他信号的距离最小为 20 mil。要求串接电阻器 R7、R8、R9 及上拉电阻器 R1、R2、R3、R4、R5、R6 放置在控制器附近。PMBUS 的走线要求和 SVID 的要求一样,在此不再累述。

2. 感应反馈信号 PCB 布局要求

电压反馈信号 PCB 布局要求:这里重点讲述远端差分电压 Sensor,电路如图 7.63 所示。

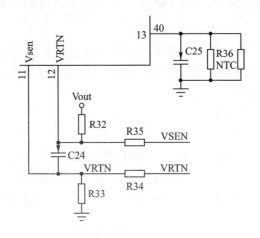

图 7.63 远端 Sensor 电路图

图 7.63 中,Vsen 和 VRTN 是从 CPU 的 Socket 底下感应的电压检测信号,通过 R34 和 R35 与近端电压检测信号进行隔离,R32 和 R33 是 Buck 电路的近端电压检测信号。通常,R34 和 R35 都是 0 Ω 电阻器,R32 和 R33 是 100 Ω 电阻器。

电容器 C24 需要放置在 PWM 控制器引脚附近,R32、R33 需要放置在输出电容附近,R34 和 R35 需要放置在 CPU 的 Socket 附近。所有走线必须是差分走线方式,间距推荐为 8 mil,线宽为 10 mil。

电流反馈信号 PCB 布局要求:CPU 或者 RAM 的 VRM 通常都是多 Phase 供电,电流检测信号每个 Phase 一个,如图 7.64 以 4 个 Phase 为例进行讲解。

第7章 主板电源 PCB 布局的设计要求

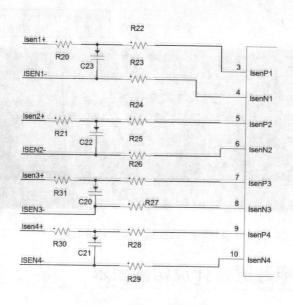

图 7.64 电流反馈信号原理图

电流检测信号和电压检测信号类似，都需要走差分形式，图 7.64 的 R31、C23、R30、C22、R20、C20、R21、C21、R22、R23、R24、R25、R26、R27、R28、R29 需要放置在 PWM 控制器附近。

3. 温度检测信号 PCB 布局要求

图 7.65 中，温度检测信号通常命名为 Tsen，主要作用是检测功率器件的温度。使用负温度系数的热敏电阻 NTC 作为感应器，NTC 电阻通常放置在输出电感和场效应管附近，PCB 布局如图 7.66 所示。

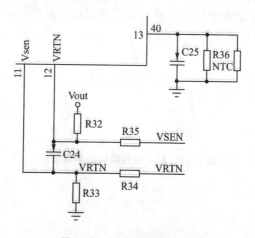

图 7.65 温度检测原理图

第7章 主板电源 PCB 布局的设计要求

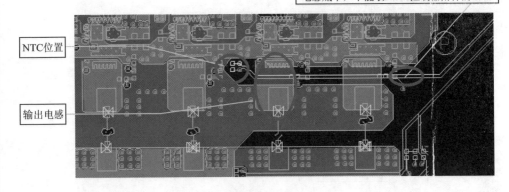

图 7.66 温度感应元件 PCB 布局

7.5 PCB 电源层设计及切割要求

主板叠层设计中,大多使用中间层作为电源层,加上顶层和底层,最少可以利用三层进行电源 PCB 布局设计,输出的铜皮宽度需要通过简单的预算才能设定,通常都是以 1 A/40 mil 进行计算的。由于顶层和底层的铜皮比中间层的厚,因此大电流输出最好充分利用顶层和底层进行设计。要求如下:

① 电源叠层对输入和输出有一定的要求:输入和输出铜皮间距越远越好,目的是防止靠得太近会有寄生电容,影响电路的稳定性能。

② PWM 控制器底下所有层最好放置"地",需要进行挖空处理。如果空间有限,最低要保证中间层以上的层放置大地。

③ 模拟地和数字地需要通过一颗 0 Ω 的电阻进行隔离处理,如图 7.67 所示,电阻两端的连接需要放置最少 2 个过孔。

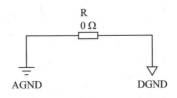

图 7.67 数字地和模拟地隔离电路

第 8 章

主板电源仿真

主板电源设计前需要对复杂电路或者未知电路进行仿真，以便准确了解其可行性以及后续设计风险；但是仿真不能替代电路实验，只能对电路波形进行预估和逻辑推导，有时仿真可行的电路，实际应用时却不能工作。因此，仿真软件可以测试未知电路，可以验证自己的想法，甚至大大缩短开发过程，但其都是建立在一种理想状态下的研究和预测，实际结果和仿真模型的建立水准有较大关联，需要投入大量的人力、物力来建立足够精准的模型才能得出和实验室非常接近的结果。

大多数电路设计软件都有仿真功能，比如 OrCAD、Protel、Mentor、Cadence、PADS 等。这些绘图工具的仿真功能都和电路有关联，部分软件可以应用 PCB 布局状态进行仿真，比如：Mentor 软件能够对电路以及 PCB 布局进行精准的仿真。

针对电路仿真，许多国际软件公司也设计了相当专业的软件，比如 MultiSIM7、PSPICE、Viewlogic、Graphics、Synopsys、LSIIogic、MicroSim、SIMetrix/SIMPLIS 和 Isim 等。其中，在电源设计行业里面，比较有影响力的仿真软件有：PSPICE（Simulation Program with Integrated Circuit Emphasis，是由美国加州大学推出的电路分析仿真软件）和美国军方常用的仿真软件 Mentor。随着行业的快速发展，在商用产品设计中，常用的软件有 PSPICE 和 Simetrix 两种。从发展趋势来看，越来越多的仿真软件要求能够兼容 PSPICE 模型，且对 PSPICE 模型进行解析，包括后来的 Simetrix 仿真软件。Simetrix 本质就是 Pspice 基础的仿真软件。这两种软件都能够精确仿真瞬态波形和动态波形，对电路的环路稳定性能都有精准的预测。

从实用性的角度考虑，本文以 SIMetrix/SIMPLIS 仿真软件为例进行详细的讲解。SIMetrix/SIMPLIS 是集成在一个软件里的两个仿真引擎。SIMetrix 功能比较强大，仿真精准，而 SIMPLIS 采用分段线性建模，将一个完整的非线性系统分解为线性电路拓扑的循环序列，能够以较高的速度和效率仿真开关电源系统中的开关特性和简单的瞬态波形。SIMPLIS 仿真速度比 SPICE 类软件快，因此在电源行业里得到广泛的应用。

仿真软件都有一个缺点，都要通过收敛才能得到一段时间内的结果或者现象，而实际电路在运作时，是不会收敛的。功能强大的软件在做电路仿真时，需要大量的运算，将收敛的时间设置得非常长，因此，主板电源仿真需要比较长的时间才能得到最终结果。

第8章 主板电源仿真

8.1 SIMPLIS 软件的应用

SIMPLIS 仿真软件有演示版和正版两种。正版(图 8.1)功能强大,需要花钱购买,价格不菲;演示版(图 8.2)只能仿真简单的电路,不能加载大型电路及组件库。

图 8.1 正版安装图标

图 8.2 演示版安装图标

下面以演示版安装为例,说明如下:
① 点击 Setup,将会显示图 8.3 所示安装界面。

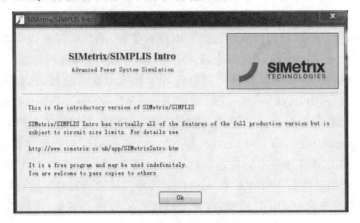

图 8.3 演示版软件安装界面

② 单击 Ok 按钮以后将会进入演示版的软件界面。

图 8.4 是 SIMPLIS 软件应用主界面,File 可以打开原理图,导入组件库,修改组

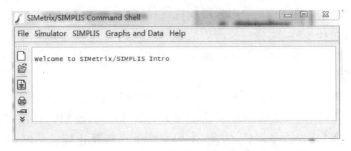

图 8.4 演示版软件应用界面

件模型,运行 Netlist,更改图形 Graphs 和数据 Data 格式并设置 SIMPLIS 的选项参数。SIMPLLS Options 中选项设置参考图 8.5。

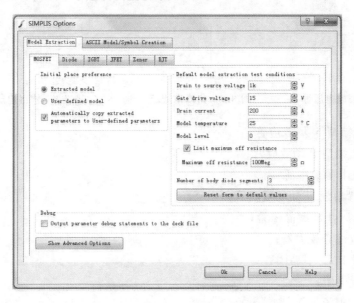

图 8.5　SIMPLIS Options 选项设置

③ 选择 File→Open Schematic 项或者 New Schematic 项,将会打开或者创建一个原理图文件。

8.2　元器件调用及设定

当 SIMPLIS 应用界面打开原理图编辑以后,就可以开始放置组件编辑原理图了。Place 操作可以放置各种组件,所以首先针对 Place 按钮进行简单的说明:

先打开程序,选择 File→New Schematic 项,建立新电路图,可以放置电阻、电容、电感/变压器、MOS 管/三极管、二极管/稳压管、GND、运算放大器以及各种探头和仪器仪表,也可以选择 Place→From Model Library 项,找到更多的组件。

除此之外,还可以通过快捷方式放置组件和操作各种功能,说明如下:

A:放置数字"与门";

B:放置固定的电压探头;

C:放置电容;

D:放置二极管;

E:放置模拟集成电压源,参考图 8.6;

F:放置模拟集成电流源,参考图 8.7;

G:放置 GND;

第 8 章 主板电源仿真

H：放置电压输出口，参考图 8.8；
I：放置数字电流源，参考图 8.9；

图 8.6　集成电压源　　　图 8.7　集成电流源　　　图 8.8　输出电压接口

J：放置结型 N 场效应管；
K：放置结型 P 场效应管；
L：放置非隔离电感；
M：放置增强型 N 场效应管；
M：放置 NPN 型晶体管；
O：放置运算放大器；
P：放置 PNP 型晶体管；
R：放置电阻；
U：放置电流探头；
V：放置数字直流电压源；
W：放置电压波形发生器；
Y：放置方形电压接口，参考图 8.10；

图 8.9　数字电流源　　　图 8.10　方形输出电压接口

Z：放置齐纳二极管；
0：放置 P 型场效应管；
5：放置 1 kΩ 的电阻；
F3：开始放置连线；
F4：立即放置电压探头；
F5：旋转组件或者走线；
F6：镜像组件；
F7：编辑组件参数；
F8：编辑组件名称；
F9：开始仿真；

F10：新的波形显示图；

F11：最底下显示放置仿真命令窗口；

F12：缩小原理图；

Shift+F12：放大原理图；

Home：将原理图全幅显示在显示器中间位置。

信号发生器设定参考图8.11，需要设置频率和占空比。其中，右边有波形选择，锯齿波和脉冲波可以设置占空比，其他的都不能设置。Period和Frequency是对等的时间和频率换算。Width为占空比时间宽度。

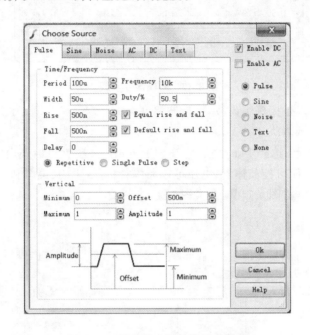

图8.11　信号发生器的选择和设置

信号发生器包含电压、电流、功率，也分为模拟发生器和数字发生器。

对于SIMPLIS来说，画图的步骤和SIMetrix是一样的，但是它们的库是不一样的。有些SIMPLIS里有的，SIMetrix里没有。在POP仿真分析中，一定需要设置POP触发器，使用POP周期操作点来仿真，其作用就是寻找每个周期性动作的起点，对于重复的周期性操作，不需要每次都从头计算。设置触发器参考图8.12。

将POP触发器的输入设置为周期性信

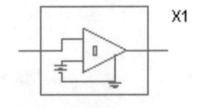

图8.12　触发器

号即可，比如芯片的振荡引脚，右击器件，然后出现图8.13所示对话框。

图8.13中，Ref. Voltage表示当POP输入信号的电压高过设置电压时，信号出

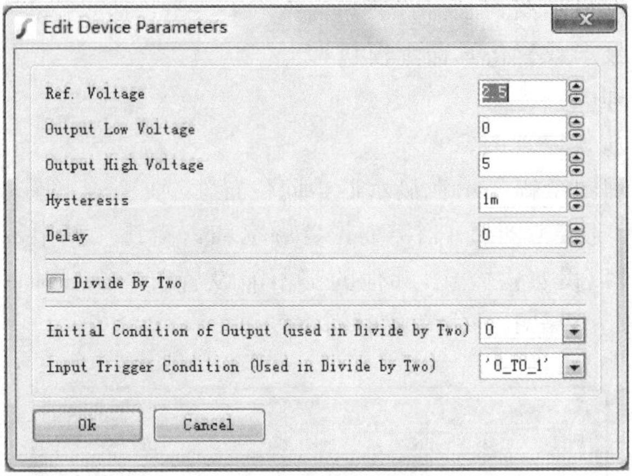

第8章 主板电源仿真

图 8.13 编辑器件参数

现翻转。比如输入是振荡锯齿波，锯齿波幅度为 1~3 V，那么设置 2.5 V 是合理的，但不能小于 1 V 或者大于 3 V。

可变组件放置：选择 Place→SIMPLIS Primitives 项就可以调出电压可控开关、电流可控开关、电压可控晶体管、电流可控晶体管、可变电阻、电容和电感。其他组件的放置需要根据电路图来定义，参考图 8.14。

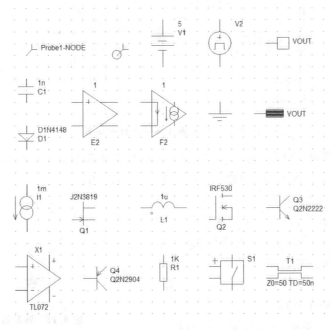

图 8.14 元件库中各种元件

8.3 原理图设计说明

导入或者设计一个原理图界面,以 SIMPLIS 原理图 Example5 为例,参考图 8.15。

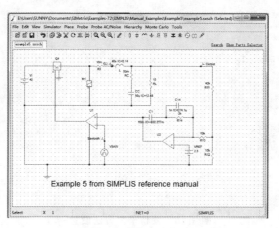

图 8.15　Example5 举例

针对图 8.15 说明如下:
- Edit 可以对组件及网络进行编辑;
- View 可以对原理图版面进行放大、缩小等;
- Simulator 可以对原理图进行仿真设置、仿真运行(或者退出)以及 Debug 操作;
- Place 可以放置组件、探头,以及网络连线进行原理图设计;
- Probe 可以设置各个测试点的探头类型;
- Probe AC/Noise 可以设置各种探头的格式和 bode plot 的格式;
- Hierarchy 可以对仿真的场景以及各种接口进行分层处理;
- Monte Carlo 可以对原理图随机模拟环境进行仿真,理论依据是蒙特卡罗方法,可以对这种模拟算法进行参数设置和运行,如图 8.16 所示。

导入现有的 PSPICE Module 或者原理图时,会发现有时 SIMetrix/SIMPLIS 不能识别这些组件,如图 8.17 所示。

图 8.17 是仿真 IR 的组件应用电路,SIMPLIS 软件报错,原因是库文件中没有 IR389X 组件的库文件。如果需要增加组件,在仿真之前必须导入 Module 的库文件。导入库文件说明如下:当一个全新的 SIMPLIS 安装后,组件库中只有常规组件,而对于特殊组件,需要通过自己设计或者沿用其他设计中的组件才能进行电路仿真;否则,将会导致仿真出错。

① 在主界面菜单中选择 File→Model Library→Add→Remove Libraries 项,如图 8.18 所示。

第 8 章 主板电源仿真

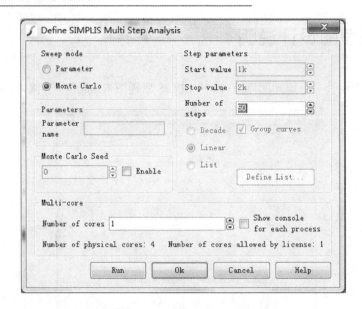

图 8.16 蒙特卡罗方法设置

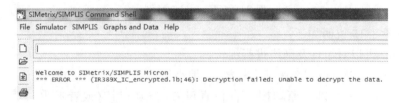

图 8.17 SIMetrix/SIMPLIS 报错信息

图 8.18 打开 Add/Remove Libraries 菜单项

② 选择 Pspice 库文件的目录,单击 Ok 按钮,如图 8.19 所示。

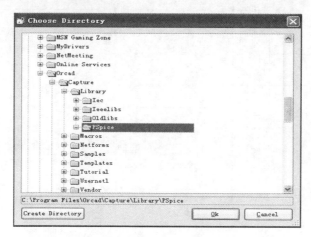

图 8.19　Pspice 库文件的目录

③ 选中图 8.20 下框中的内容,先单击 Add 按钮,再单击 Ok 按钮,就能将组件增加到库文件中了。图 8.20 中,若选中上框中的内容,单击 Remove 按钮,再单击 Ok 按钮,就可以添加仿真需要的组件库文件了。

图 8.20　增加元件到库文件中

图 8.21 是没有增加探头的原理图,严格来讲是不能够进行仿真的。下面讲解探头的架设流程。

① 在菜单栏选择 Place→Proble→Voltage Proble 项就可以放置 B[Output]电压探头,用同样的方法放置 A[i(l)]电流探头和 C[sawtooth]探头,电路如图 8.22 所示。

第 8 章 主板电源仿真

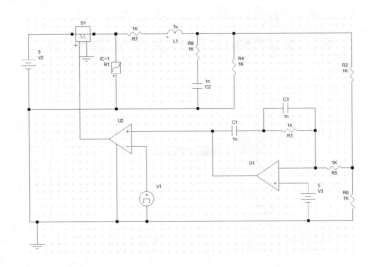

图 8.21 没有增加探头的原理图

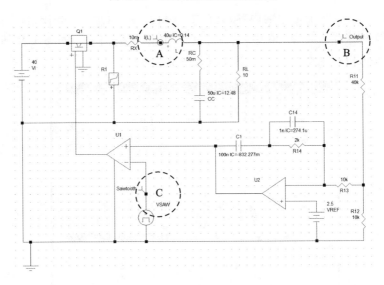

图 8.22 增设探头后的原理图

增设探头以后,仿真的基本条件就建立起来了。对于仿真的波形以及仿真的时间要求,需要有一个正确的定义才能得到精准的结果。

仿真时序设定:选择 Simulator→Choose Analysis 项,进行分析设置,如图 8.23 所示。

Simulator 主要有 Transient、AC、POP、Monte Carlo 四种仿真方式。如果选取 AC 分析,软件会自动把 POP 勾上,也就是必须要有 POP 运算才能 AC 仿真。如果原理图里加了 POP Trigger,就要把 Use "POP Trigger" schematic device(See menu: Place→Analog Functions→POP Trigger)勾选上,参考图 8.24。

第8章 主板电源仿真

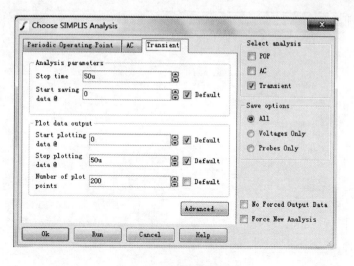

图 8.23 仿真分析设置

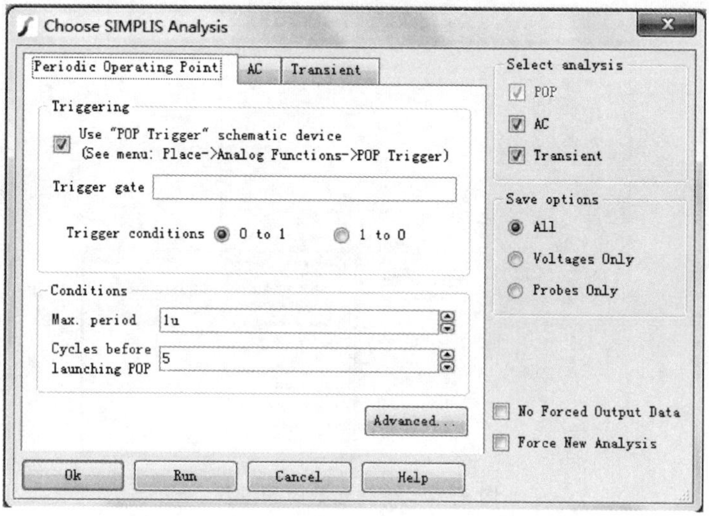

图 8.24 AC 分析设置

在 Transient 标签页中，Stop time 设置为"50 u"，表示仿真时间为 50 μs；Number of plot points 为扫描的点数设定，这里设置为 200 个点，也可以根据需要设定为其他任意点数。然后设置 AC 标签页中的参数就可以运行仿真软件了。打开 Periodic Operating Point 标签页，设置优化参数，参考图 8.25。

单击 Advanced 按钮可以设置步长，步长时间越小越精确，但是速度也会越慢，这里设置步长为"1 μs"，参考图 8.26。

在 AC 标签页中，设置 AC 分析的起始扫描频率和终止频率，就可以进行分析了。用鼠标单击 Run 按钮，或者单击 Ok 按钮后按 F9 键，就可以运行分析，参考图 8.27。

第 8 章　主板电源仿真

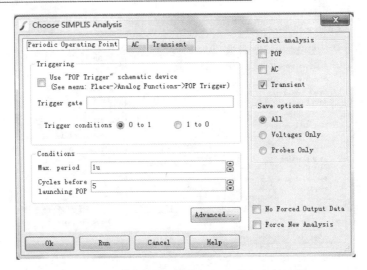

图 8.25　Periodic Operating Point 优化参数设置

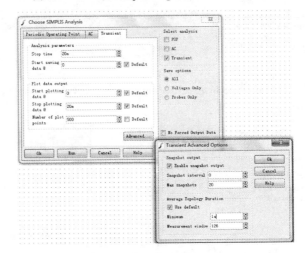

图 8.26　优化参数时长设置

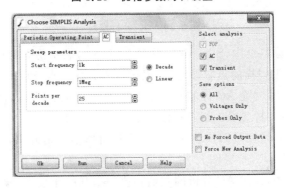

图 8.27　起始扫描频率和终止频率设置

仿真结果如图 8.28 所示。

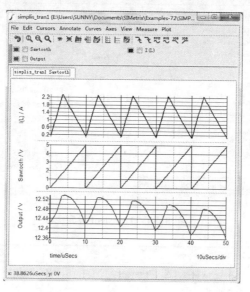

图 8.28　AC 分析仿真结果

如果需要仿真波特图,要加入 AC 源和波特图观察器(在 Probe AC→Noise 中可以找到),然后在分析设置对话框中设置 POP 分析的参数,按图 8.25 勾选。Max. period 时间要大于开关周期时间,比如本例开关频率为 500 kHz,那么这个数就要大于 2 μs,这里取"10u"然后运行分析,即可得到稳态值和波特图,原理如图 8.29 所示。

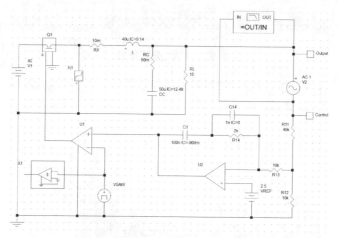

图 8.29　增加 AC 源和波特图观察器

Transient 设定如图 8.30 所示。
AC 分析设置如图 8.31 所示。
Periodic Operating Point 设定如图 8.32 所示。

第 8 章　主板电源仿真

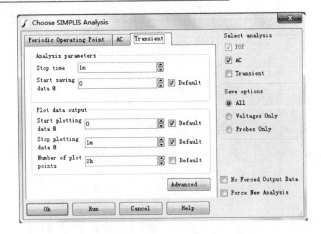

图 8.30　Transient 设定

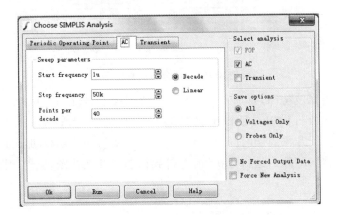

图 8.31　AC 分析设置

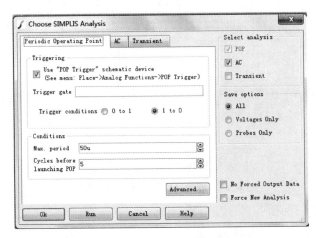

图 8.32　Periodic Operating Point 设定

Bode plot 仿真结果如图 8.33 所示。

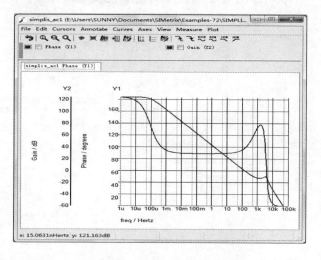

图 8.33 Bode plot 仿真结果

DC 分析设置如图 8.34 所示。Start value 设为 0，Stop value 设为 5，Number of points 设为 1K（表示描 1 000 个点，越大越精确，也越慢），Device name 设为 V1（表示要变化的源是 V1）。

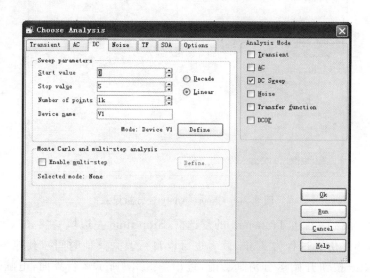

图 8.34 DC 分析设置

当然，使用不同的 Module 和应用原理图，仿真的设定也不相同。下面以 AC/DC 为例对其他设定进行详细的说明和介绍。仿真原理图如图 8.35 所示。

选择 Simulator→Choose Analysis 项，打开对话框，进行分析设置，如图 8.36 所示。

第 8 章 主板电源仿真

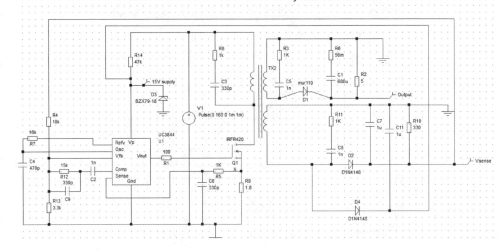

图 8.35 AC/DC 仿真原理图

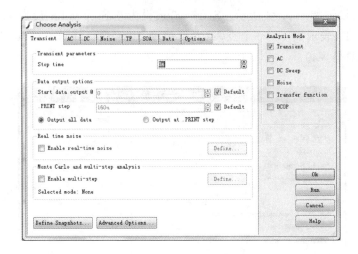

图 8.36 Choose Analysis 分析设置

勾选图 8.36 中右边 Transient 的复选框,Stop time 左边填写"8 m"(表示仿真时间是 8 ms,不是仿真过程为 8 ms,读者也可以自行改为其他时间),其他参数设置好以后单击 Run 按钮开始运行仿真功能,跳出图 8.37 所示运行界面,电脑运行 8 ms 以后自动停止。

运行结果如图 8.38 所示。

图 8.38 中,曲线②表示 Vsense 探头仿真的波形,曲线①表示 15 V 启动波形,曲线③表示输出电压波形。这里仿真的是开机启动的过程。如果需要在此基础上仿真 MOS 的 D 极波形,可以先把原来的波形关掉,选择 Place→Probe Voltage 项,光标显

第 8 章 主板电源仿真

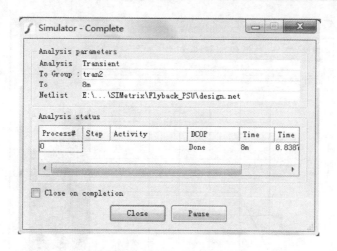

图 8.37 仿真完成自动停止

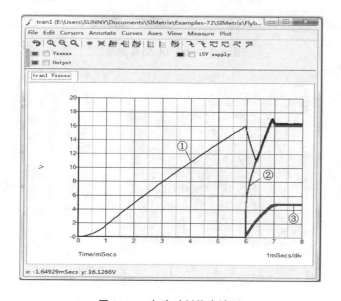

图 8.38 启动时刻仿真波形

示探头形状,用这个探头去单击 MOS 的 D 极,显示波形如图 8.39 所示。利用快捷菜单中的 Zoom/In or Out 可以将图片展开,将 D 极波形展开,显示波形如图 8.40 所示。

SIMPLIS 与其他软件的最大区别是其稳态解的求解算法非常特别,完全不同于任何软件,收敛极快。

SIMPLIS 中有 POP(Periodic Operating Point)分析、AC 分析和 Transient 分析。POP 是周期性工作点分析模式,仿真是从电路的稳定工作状态开始的,因此比 Transient 分析速度更快。另外,在进行小信号分析前,先进行 POP 分析确定电路的

第8章 主板电源仿真

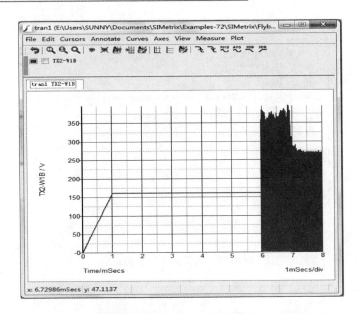

图 8.39 AC/DC 仿真波形

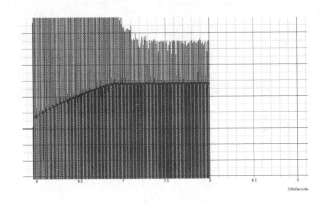

图 8.40 AC/DC 仿真波形展开

稳定工作以后再进行 AC 分析。我们有时会发现电路在 Transient 分析时是正常的，但是一进行 POP 分析就会不收敛。此时应该先检查 Transient 分析进入稳定工作状态的时间，更改触发条件（Trigger conditions），将 Conditions 中的 Max Period 和 Advanced 选项中的 Iteration limit 值改大一些，再进行仿真，看问题是否得到解决，否则应该是电路设置有问题。

在进行 SIMPLIS 仿真时，有时需要修改组件值，来分析曲线或者波形的变化情况。如果将组件数值一次次修改，比较繁琐，SIMPLIS 软件可以进行设置修改组件值来验证其对应波形。

例如，如图 8.41 所示，如果需要更改 R2 或者 C2 的值来分析测试点的波形，则

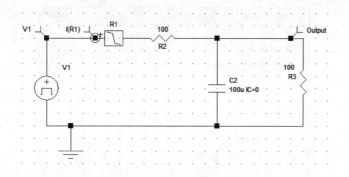

图 8.41 仿真原理图简化

操作如下:

① 选择 Simulator→Setting up a multi-step Parameter Analysis 项,在 Transient 标签页中勾选 Enable multi-step 复选框,然后单击 Define 按钮,如图 8.42 所示。

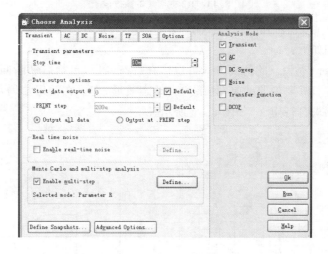

图 8.42 更改 R2 或者 C2 参数设置界面

② 图 8.43 中,在 Sweep mode 区选中 Parameter 单选按钮,Parameter name 文本框中填入 R2 或者 C2,在 Start value 中填入开始仿真的数值,在 Stop value 中填入停止仿真的数值。Number of steps 是仿真的次数,如果填入 2 次,表示第一次为 Start value,第二次为 Stop value;如果将 Number of steps 定义为 N,则 SIMPLIS 将会自动将开始值和停止值分成 N 段来进行仿真。单击 Run 按钮将会显示 5 次仿真波形,如图 8.44 所示。

③ 如果要隐藏部分波形,只需勾选对应的图像选项,再单击图 8.44 中圆圈处的按钮即可。如果是 License 版本,此处显示的是一双手图标,如果需要重新显示,点击一只手图标即可。

第8章 主板电源仿真

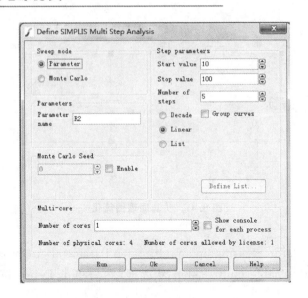

图 8.43 R2 或者 C2 参数设置

Simulator 主要有 Transient、AC、POP、Monte Carlo 四种仿真方式,各种方式侧重点不同,区别如下:

① Transient 仿真:此仿真方式可以仿真瞬态波形,包括启动瞬间、电源关机瞬间、动态负载等。需要说明的是,如果仿真动态波形,需要在输出端增加动态负载设定,这个根据要求自行定义,如图 8.45 所示。

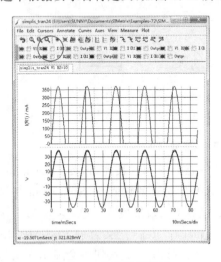

图 8.44 仿真波形结果

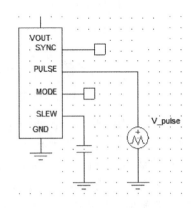

图 8.45 动态负载电路设计

需要对动态负载作内部定义,将其定义为 SIMPLIS 软件可以识别的电路,才能进行正常的仿真,关于自定义电路的设定,后面会详细介绍。

② AC 仿真:交流小信号频域仿真分析模式,通常和 POP 分析模式一起运作。

Start frequency：设置扫描信号的起始频率；
Stop frequency：设置扫描信号的停止频率；
Points per decade/Number of points：十进制点数设定。

③ POP 仿真：在进行 POP 仿真之前，必须设定 POP 触发器或者一个参考源作为系统的目标参考点，要求将 Max. period 设置为大于电源开关周期时间。单击 Advanced 按钮可以设置 Convergence、Iteration limit、Number of cycles output 等参数，如图 8.46 所示。

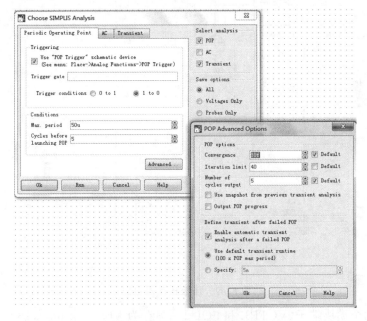

图 8.46　POP 仿真分析设置

Convergence：设置收敛参数，开关周期必须小于收敛时间；
Iteration limit：设置重复限定参数，POP 分析周期内仿真波形的最大迭代次数；
Number of cycles output：设置开关周期的数量。

POP 仿真分析周期性的工作点（POP）将会找到系统的一个稳态工作点，或者找到电源的自振荡周期，当通过了 POP 分析仿真以后，再去做 AC 或者 Transient 仿真，问题将会简化。这一分析模式的主要应用是迅速找到稳定状态下的解决方案，无需模拟整个开关电源的上电顺序，因此大大加快了在不同负载条件下电路设计的性能。

8.4　子电路的定义

在进行电路仿真时，需要增加一部分与电路无关的辅助电路来达到仿真的目的，需要建立子电路或者组件库，把一个功能模块的电路另存为一个电路文件或者库文件,提供电路接口,以方便主电路调用。

下面以压控振荡器为例来描述如何制作库或子电路。压控振荡器参数包括最大频率、最小频率和增益(1 V 输入电压对应多少 kHz 的输出频率)。首先建立原理图,如图 8.47 所示。

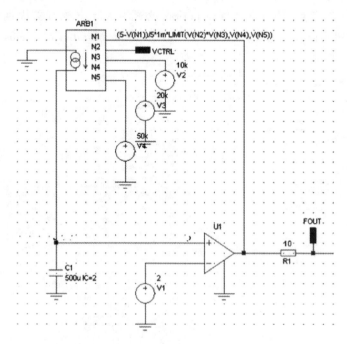

图 8.47 压控振荡器电路

添加两个模块端子(VCTRL 和 FOUT),另存为 VCO.sxcmp,如图 8.48 所示。

图 8.48 VCTRL 和 FOUT 模块建立

选择菜单中 Simulator→Create Netlist as Subcircuit 项,建立网络表(图 8.49),命名为 VCO,单击 Ok 按钮(图 8.50),弹出如图 8.51 所示界面,将文字全部复制并粘贴到记事本,然后另存到 C:\MYMOD 目录。

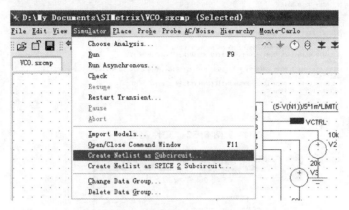

图 8.49　网络表的建立

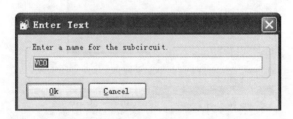

图 8.50　网络表的命名

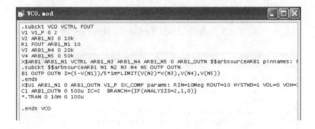

图 8.51　配置信息

如图 8.52 所示,VCO.MOD 参数设置:

① 在第一行最后加入 params:Gain=10k Fmin=20k Fmax=50k（表示默认 1 V 对应 10 kHz 频率,最小频率为 20 kΩ,最大频率为 50 kΩ）;

② 把 V2 ARB1_N3 0 10k 改为 V2 ARB1_N3 0 Gain;

③ 把 V3 ARB1_N4 0 20k 改为 V3 ARB1_N4 0 Fmin;

④ 把 V4 ARB1_N5 0 50k 改为 V4 ARB1_N5 0 Fmax,保存文件设置。

如图 8.53 所示,选择菜单中 File→Model Library→Add/Remove Libraries 项,

第 8 章 主板电源仿真

显示如图 8.54 所示对话框。选中图 8.54 下框信息,单击 Add 按钮,然后单击 Ok 按钮。

```
.subckt VCO FB OUT params: Gain=10k Fmin=20k Fmax=50k
V1 V1_P 0 2
V2 ARB1_N3 0 Gain
V3 ARB1_N4 0 Fmin
R1 OUT ARB1_N1 10
V4 ARB1_N5 0 Fmax
X$ARB1 ARB1_N1 FB ARB1_N3 ARB1_N4 ARB1_N5 0 ARB1_OUTN $$arbsourceARB1 pinnames: N1 N2 N3 N4 N5 OUTP OUTN
.subckt $$arbsourceARB1 N1 N2 N3 N4 N5 OUTP OUTN
B1 OUTP OUTN I=(5-V(N1))/5*1m*LIMIT(V(N2)+V(N3),V(N4),V(N5))
.ends
X$U1 ARB1_N1 0 ARB1_OUTN V1_P SX_COMP params: RIN=10Meg ROUT=10 HYSTWD=1 VOL=0 VOH=10 DELAY=1n risefall=1p
C1 ARB1_OUTN 0 500u IC=2 BRANCH={IF(ANALYSIS=2,1,0)}
*.TRAN 0 10m 0 100u
.ends VCO
```

图 8.52 文件配置

图 8.53 选择 Add/Remove Libraries 项

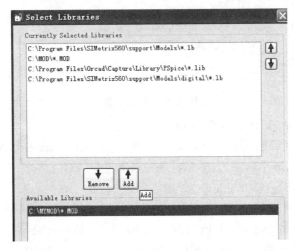

图 8.54 选择库文件

第 8 章 主板电源仿真

按图 8.55 所示选择菜单项,为刚才的模型指定一个符号。

图 8.55　VCO 创建呼号

打开图 8.56 所示对话框后,在左边栏里找到 VCO,再单击 Auto Create Symbol 按钮,为 VCO 自动创建一个符号。单击 New Category 按钮,显示 Enter Text 对话框,在文本框中输入 MYMOD,再单击 Ok 按钮,参考图 8.57。

接下来单击图 8.58 中的 Apply Changes 按钮,就可以使用新创建的 VCO 库了。

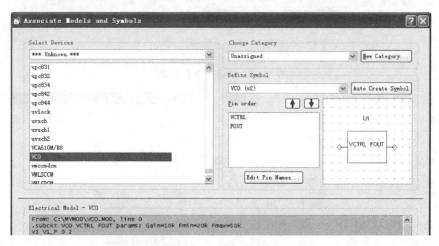

图 8.56　为 VCO 创建符号

下面讲解如何新建一个原理图。

① 选择 Place→From Model Library 项(图 8.59),找到刚才建立的库,在图 8.60 左边的栏里找到 MYMOD,选中右边的 VCO,然后单击下方的 Place 放置组件。

第 8 章 主板电源仿真

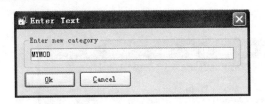

图 8.57 为 VCO 命名

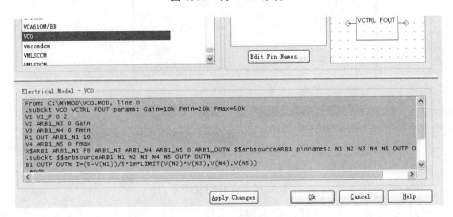

图 8.58 VCO 创建成功

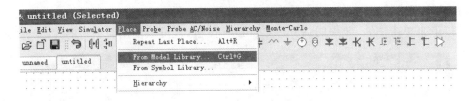

图 8.59 新建一个原理图

原理图完成后,选中组件右击,选择快捷菜单中编辑参数项,参考图 8.61。

参数设置如下:Gain 设置为 5k(表示输入 1 V 输出就是 5 kHz 的频率),Fmin 设置为 4k(表示最小输出频率为 4 kHz),Fmax 设置为 20k(表示最大输出频率为 20 kHz),如图 8.62 所示。频率和输入电压成比例关系。

V1 是 0~10 V 变化的分段电压源,如图 8.63 所示。

图 8.60 放置元件

第 8 章 主板电源仿真

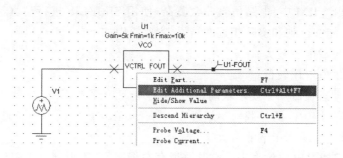

图 8.61 编辑参数

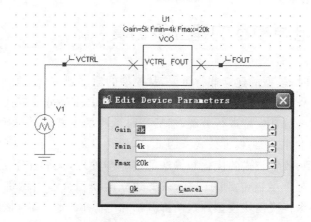

图 8.62 Device 参数设置

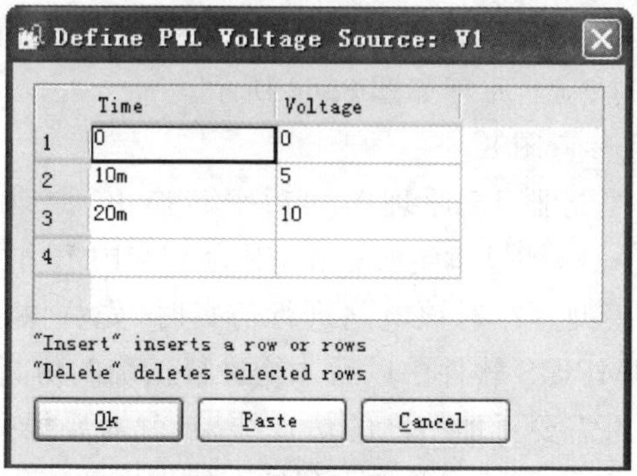

图 8.63 电压源参数设置

8.5 主板 Buck 电源仿真说明

SIMPLIS 仿真主板电源设计原理图通过率比较高，能够检查常识性设计问题，因为主板电源主要以 Buck 电源为主，结构简单，电路并不复杂，实际在低电压大电

第 8 章　主板电源仿真

流的 CPU 供电 VRM 中,电路仿真非常复杂,使用 SIMPLIS 进行仿真,需要加载许多系统参数才能够得到和实际相近的结果,主要原因如下:

① CPU 拉载电流较大;

② CPU 供电电压较低;

③ CPU 动态负载斜率要求较高,特别是 Grantley 平台 CPU 拉载斜率超过 500 A/μs,AMD 公司 CPU 的拉载斜率超过 800 A/μs,在这样大的斜率条件下寄生电感和寄生电容对电路瞬态影响非常大。

因此,仅仅通过电路仿真来决定其波形存在局限性,需要建立 CPU 模型和 PCB 布局模型才能对主板电源进行准确的仿真。

8.6　主板电源模型的建立及仿真

电源在仿真时,模型的建立非常重要,从模型的建立到仿真需要一个数字化的过程。仿真软件本身不能自动识别仿真模型,需要将仿真模型分解成数学模型,用数字模型及数学公式将仿真模型进行分解,然后通过编程的方式将数学模型转化成仿真软件能够识别的组件、电路或者公式。因此,电源仿真的重点在于模型的建立、模型的分解、数学模型、数学公式的优化和算法的建立与处理,关键在于数学模型的建立和算法的处理。对于主板电源的仿真,需要建立的模型大多由两部分组成:PWM 控制器模型和功率转换模块模型。这两部分都和电源 IC 设计有直接的关联,因为这些资料都是由电源供应商掌控的,属于公司机密,如果需要对电源进行仿真,必须由供应商提供这些模型才能够进行仿真。出于技术以及机密的考虑,大多数电源 IC 供应商只会提供简易的模型进行模拟仿真,除非是 IC 设计有问题,出现了重大的 Bug。

CPU VRM PWM 控制器原理如图 8.64 所示。

功率转换电路原理参考图 8.65。

图 8.65 是 PWM 控制器 IC 原理图和功率转换 IC 原理图,如果直接导入到 SIMPLIS 软件中进行仿真,结果肯定会报错,因为 SIMPLIS 软件没有 PWM 控制器和功率转换 IC 的仿真模型。在对该电路进行仿真时,先从供应商处得到这两颗 IC 的仿真模型,导入到 SIMPLIS 软件中以后才能进行正确的仿真。这种情况仿真的结果是一种理想状态,如果需要更加精准的仿真结果,就需要根据主板 PCB 布局的实际状态进行建模,将 PCB 的模型一并加入到仿真软件中才能得到比较精准的仿真结果。因此,电源仿真,理论上比较简单,如果考虑到系统各种参数和条件的影响,将会非常复杂,需要建立大型模型才能够进行精准的仿真。从学习电源角度来看,能够进行电源原理图仿真就足够了,许多大公司有专门的仿真部门来进行主板仿真。仿真分为两部分:高速信号仿真 SI 和电源仿真 PI。SI 仿真主要任务是仿真 CPU 到 DIMM 的信号、CPU 与 CPU 之间的 QPI 信号、CPU 与南北桥之间的 PCIE/DMI 信号等。这些信号频率通常都在百 MHz 以上。PI 仿真主要是仿真电源供电路径的仿

第 8 章 主板电源仿真

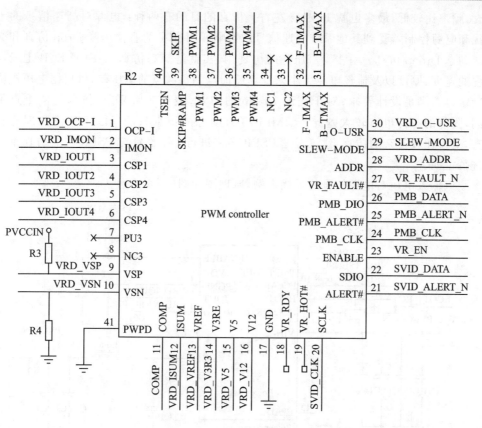

图 8.64 CPU VRM PWM 控制器电路

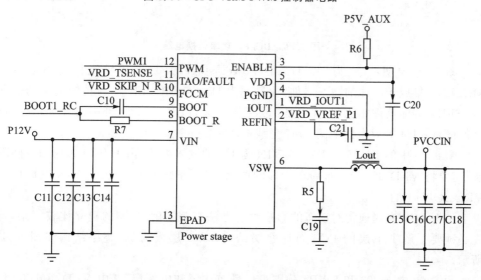

图 8.65 功率转换电路

真,频率比较低,最多也就 1 MHz 左右。仿真的目的有两种:电源对高速信号的干扰和电源控制器受到其他系统高速信号的影响。PI 细分为直流压降 Drop 仿真和交流动态 Droop 仿真。对于直流压降的仿真,其实就是静态仿真,是根据 PCB 走线铜皮的宽度、厚度以及流经电流大小来计算反馈点到负载点的电压差,再根据电压规格判定是否满足设计要求;对于交流 Droop 的仿真,表现非常复杂,仿真的侧重点不同,附件的条件也有较大差异。SIMPLIS 对动态的仿真只能局限于理论和理想状态,对于比较复杂的仿真,建议考虑 PSPICE 来进行。下面针对 PSPICE 的仿真举例进行说明。

以输入电压对电源信号的干扰为例,原理图如图 8.66 所示。

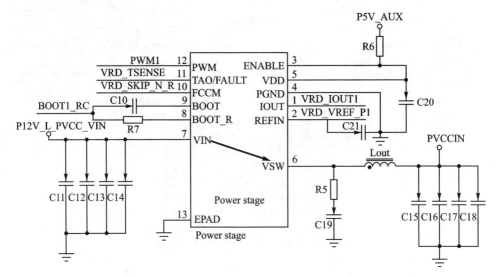

图 8.66 DC/DC 功率转换电路

图 8.66 说明:U4 为 DC/DC 的 Power stage,是目前比较流行的驱动器和 MOSFET 集成于一体的功率器件,业界称为 Doctor MOSFET。与传统的驱动器和 MOSFET 分体器件相比,其优点是:功率密度大,PCB 空间小,外围器件少;其缺点是价格高。U4 等效电路如图 8.67 虚线框所示。

图 8.66 中的 P12V_L_PVCC_VIN 为 U4 的输入电压,由于 PCB 布局的空间限制,需要将 VRD_IOUT1 布局在相邻的两层,验证 P12V_L_PVCC_VIN 电源层对 VRD_IOUT1 的干扰。

主板 PCB 布局通常对动态的影响没有办法直观了解,模型的建立比较复杂,首先必须要了解上下层的 PCB 布局叠层结构,以 8 层板为例,叠层结构如图 8.68 所示。

图 8.68 中,SIG3 和 PWR4 分别为信号布线层和电源层,其中 VRD_IOUT1 信号布局在 SIG3 层,P12V_L_PVCC_VIN 布局在 PWR4 层。理论上,SIG3 的参考层

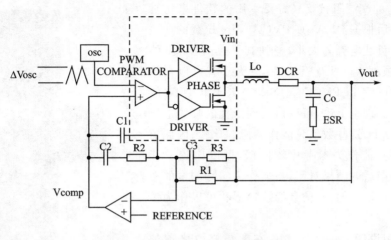

图 8.67 Buck 电路功率驱动等效电路

Layout Cross Section

	Subclass Name	Type	Material	Thickness (MIL)	Conductivity (mho/cm)
1		SURFACE	AIR		
2		DIELECTRIC	CONFORMAL_COAT	0.5	0
3	TOP	CONDUCTOR	PLATED_COPPER_FOIL	1.9	343000
4		DIELECTRIC	FR-4	2.7	0
5	GND2	PLANE	COPPER	1.3	595900
6		DIELECTRIC	FR-4	4	0
7	SIG3	CONDUCTOR	COPPER	1.3	595900
8		DIELECTRIC	FR-4	15	0
9	PWR4	PLANE	COPPER	2.6	595900
10		DIELECTRIC	FR-4	4	0
11	PWR5	PLANE	COPPER	2.6	595900
12		DIELECTRIC	FR-4	15	0
13	SIG6	CONDUCTOR	COPPER	1.3	595900
14		DIELECTRIC	FR-4	4	0
15	GND7	PLANE	COPPER	1.3	595900
16		DIELECTRIC	FR-4	2.7	0
17	BOTTOM	CONDUCTOR	PLATED_COPPER_FOIL	1.9	343000
18		DIELECTRIC	CONFORMAL_COAT	0.5	0
19		SURFACE	AIR		

图 8.68 PCB 叠层图

是 GND2 层，因为 SIG3 层到 GND2 层的层厚为 4 mil，而 SIG3 到 PWR4 的层厚为 15 mil，但从实际考虑，P12V_L_PVCC_VIN 是一个比较强的干扰源，对 SIG3 的信号应该有一定的干扰。本次仿真的任务是解决 P12V_L_PVCC_VIN 对 VRD_IOUT4 的影响。PCB 布局的位置如图 8.69 所示。

图 8.69 中，白色走线为 VRD_IOUT1 信号，布局在 SIG3 层；P12V_L_PVCC_VIN 布局在 PWR4 层，浅灰色部分。

仿真结果：P12V_L_PVCC_VIN 对 VRD_IOUT4 的干扰为 394 mV，波形如图 8.70 所示。

那么，这个结果是怎样得到的呢？

首先必须仿真和计算 SIG4 到 PWR4 层的分布电容量和电感量，然后得到 SIG4

第 8 章 主板电源仿真

到 PWR4 的交流阻抗 Z0(需要专用的软件来仿真得到),然后根据 P12V_L_PVCC_VIN 拉载的开关频率以及负载电流的大小,得到其干扰信号 V0 的大小,再根据 V0 以及阻抗 Z0 的大小就可以初步仿真出 P12V_L_PVCC_VIN 对 VRD_IOUT4 的干扰大小。理论上讲,可以仿真到干扰的具体电压幅值,实际上,这些数值只能作参考和比较;因此仿真的结果只能作为参考比较依据,可以比较 PCB 布局修改前后的结果对照,不能作为实际测试的考虑。但可以确定的是,仿真的波形形状可以作为参考的依据。

[举例说明] 图 8.71 中,左图是修改之前的 PCB 布局,中间为第二次修改后的 PCB 布局,右图是第三次修改后的 PCB 布局。

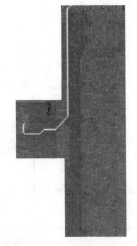

图 8.69 信号线和参考层的 PCB 布局

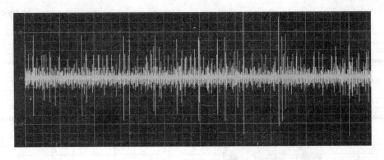

图 8.70 仿真结果

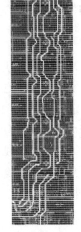

图 8.71 不同 PCB 布局对照

第 8 章　主板电源仿真

通过仿真以后,得出:

第一次 PCB 布局,P12V_L_PVCC_VIN 对 VRD_IOUT4 的干扰为 1.16 V;

第二次 PCB 布局,P12V_L_PVCC_VIN 对 VRD_IOUT4 的干扰为 0.56 V;

第三次 PCB 布局,P12V_L_PVCC_VIN 对 VRD_IOUT4 的干扰为 0.047 V。

从图 8.72 波形数据来分析,并不能认定每次干扰的电压幅值的大小,但是我们可以认定第三次 PCB 修改效果是最好的结果。

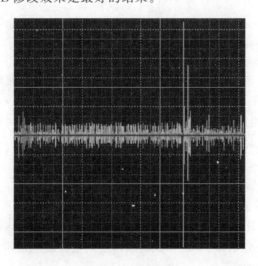

图 8.72　仿真结果

附录 A
名词术语解释

Loop：循环回路。

Gain：信号增益，本书中指的是输出对输入的电压或者电流增益。

Phase：本书中有 3 种意思：

① 信号之间的相位；

② 多相 Buck 电路输出的并列的数量，每一路输出称为一相，英文称为 1 个 Phase；

③ Buck 电路上管、下管和输出电感的交叉点为 Phase 点。

VR：Voltage Regulator 的英文缩写，翻译为电压调节器。

VRM：Voltage Regulator Module 的英文缩写，翻译为电压调节器模块。

Transient：在一定电压、一定拉载斜率以及一定拉载电流步进情况下，电压的变化状态，翻译为动态响应。

DVID：根据 CPU 指令，PWM 控制器的输出电压按照一定的线性从 Vo1 变化到 Vo2，且在一定拉载电流步进情况下，检测输出电压的变化情况。

SVID：Intel 规范中串行的 VID 通信模式，AMD 规范称为 SVI。

PVID：Intel 规范中并行的 VID 通信模式，AMD 规范称为 PVI。

USB：Universal Serial Bus 的英文缩写，通用串行总线。简介如下：

USB 1.0：1.5 Mb/s(192 KB/s)、低速(Low-Speed)500 Ma，1994 年制定。

USB 1.1：12 Mb/s(1.5 MB/s)、全速(Full-Speed)500 Ma，1998 年制定。

USB 2.0：480 Mb/s(60 MB/s)、高速(High-Speed)500 mA，2000 年制定。

USB 3.0：5~10 Gb/s(640 MB/s)、超速(Super-Speed)900 mA，2008 年制定。

POL：Point of Load 的英文缩写，翻译为负载点，意译为 PWM 控制器、驱动器和开关管集成为一体的 VR。

TDP：Thermal Design Power 的英文缩写，翻译为散热设计功率，指的是 CPU 正常工作时需要考虑的散热功率，和散热器设计以及系统风扇设计都有较大的关系。

TDC：Thermal Design Current 的英文缩写，翻译为散热设计电流。比如，TDP 为 95 W 的 CPU，最大工作电流为 106 A(106 A 是最大工作电流，不是 TDC 电流)。TDC 电流是指 CPU 平均工作电压下的电流值，假定平均工作电压为 1 V，此时的 TDC 电流为(95/1) A=95 A。

附录A 名词术语解释

Load：负载，和 DC 搭配使用为 DC Load，翻译为直流电子负载。

Slew Rate：斜率，指的是电压或者电流在单位时间内爬升的速度，电压拉载斜率单位为 V/μs，电流拉载斜率单位为 A/μs。

Istep：电流拉载步进，指负载拉载的电流步进。比如：拉载电流最小为 10 A，最大为 100 A，Istep＝(100－10)A＝90 A。

Spread sheet：Intel 或者 AMD 公司对 CPU&Memory 测试规范的电子文件。

OCP：Over Current Protection 的英文缩写，翻译为过流保护。

OVP：Over Voltage Protection 的英文缩写，翻译为过压保护。

UVP：Under Voltage Protection 的英文缩写，翻译为欠压保护。

RLL：Resistor Load Line 的英文缩写，翻译为线性负载阻抗。

Drop：直流电压下降的幅值，是指在一定负载条件下，输出电压下降的幅值。

Droop：动态负载条件下输出交流电压下降的幅值。

Socket：固定 CPU 的插座，不同型号的 CPU 其插座不同，详细情况请参考 Intel/AMD CPU 规格书。

PSU：Power Suplier Unit 的英文缩写，翻译为电源供应器。

High Side Mosfet：Buck 电路输入电感之后连接的开关管，为了方便描述，本书简称为上管。

Low Side Mosfet：Buck 电路续流开关管，一端连接到 Phase 端，一端连接到大地，位置在最下面，为了方便描述，本书简称为下管。

Pin：IC 或者插座插头的引脚，比如 20Pin，表示有 20 个引脚，PIN20 表示第 20 引脚。

DCR：Direct Current Resistor 的英文缩写，翻译为电感直流阻抗。

AC：Alternating Current 的英文缩写，翻译为交流电。

DC：Direct Current 的英文缩写，翻译为直流电。

AC/DC：交流电压转换成直流电压。

DC/AC：直流电压转换成交流电压。

Bulk 电容：一般指铝电解/钽电容，特点是容量较大，对低频滤波特性较好。

PS0，PS1，PS2：CPU 规范中的工作状态模式。PS0 模式指的是 CPU 满载运行模式，通常运行电流大于 20 A；PS1 模式指的是 CPU 轻载运行模式，运行电流大于 5 A 且小于 20 A；PS2 模式指的是 CPU 待机模式，运行电流小于 5 A。

Jitter：脉宽的抖动程度。本书中特指 Buck 电路 Phase 点脉冲波形反复积累过程，测试时通常使用上升沿触发，观看下降沿的积累波形，传统的说法是 Jitter 太大，将是不稳定的一种表现，笔者认为，Jitter 太大，只要输出纹波波形正常就可以忽略这个问题。

Rdson：场效应管/晶体管完全导通时的等效阻抗。

Snubber：缓冲电路，由电阻电容组成，在高压转换低压的电路中需要使用二极

附录 A 名词术语解释

管隔离处理,被称为 RCD 电路,也是 Snubber 电路的一种表现形态。

PID:比例(Proportion)、积分(Integral)、微分(Derivative)控制器的简称,PID 控制器是自动化最基本的控制方式。

LDO:Low Dropout Regulator 的英文缩写,翻译为低压差线性稳压器。相对于传统的线性稳压器,输入电压和输出电压差超小,工作超稳定。

ICH:Interface Control Hub 的英文缩写,翻译为接口控制中心。

RTC:Real-Time Clock 的英文缩写,翻译为实时时钟,主板电路中指的是时钟 IC 的频率发生电路。

LPC:Low Pin Count Interface 的英文缩写,翻译为少引脚型可编程接口。

AT:Advanced Technology 的英文缩写,翻译为先进技术。

ATX:AT Extend 的英文缩写,翻译为扩展型 AT 电源。

BIOS:Basic Input/Output System 的英文缩写,翻译为基本输入/输出系统。

ISA:Industry Standard Architecture 的英文缩写,翻译为工业标准架构。

MCH:Memory Controller Hub 的英文缩写,翻译为内存控制中心。

PCB:Printed Circuit Board 的英文缩写,翻译为印刷电路板。

附录 B
版权声明

本书的第 1 章和第 2 章部分内容是从网站上面下载以后经过个人的理解整理出来的,因为联系不到原作者,没有办法对资料出处做进一步的说明,希望拜读此书的原作者见到以后和我们联系,我们后续一定增加资料出处说明,并表示真诚的歉意。

后面各章节的内容和下面厂商的培训资料有密切联系:

Intel、AMD、Intersil、IR、TI、Kemet、Panasonic、Murata、Sanyo、ITG。

笔者将这些厂家的培训资料进行了解读和整理,将重点的地方进行了详细的描述,并对源文件的不足进行了修正。这部分的资料的版权严格来说属于他们,如果有不妥,请上面的厂商和我们联系,我们一定进行修正并真诚接受指导。

参考资料:

Intersil Corporation 公司

《AC LL adjustment_new》作者 John Chuang

《Intersil Vcore Technical Seminar_section1》作者 Greg Miller& Weihong Qiu

《Intersil Vcore Technical Seminar_ section2》没有作者说明,版权属于 Intersil 公司

IR 公司(International Rectifier)

《PID Control_Foxconn_April. 29th_. 2012》作者 Andrew Yang

Panasonic 公司

《Panasonic SP – Cap Impedance V. S. Frequency Study_2013.09.13_1800》

Kemet 公司

《Tantalum Cap and Super Cap Introduction for Foxconn》

Sanyo 三洋电子部品(香港)有限公司

《OS – CON Introduction ア chinese ち》

美磊科技公司 Magic Technology Co. ,LTD

《电感组件介绍- 2009 – 72p》

TI 公司

《Switching Power Supplies made Easier with TI_s D – CAP Control》作者 Nancy Zhang

《TI Analysis for dcap2》作者 Toshiyuki (Rick) Zaitsu

《ieee paper for constant current control loop analysis》作者 Min Lin *, Toshiyuki Zaitsu * *, Terukazu Sato *, and Takashi Nabeshima *

网络搜寻文献

《Under the Hood of Low – Voltage DC/DC Converters》作者 Brian Lynch and Kurt Hesse